业财一体信息化应用

主　编　赵　越
副主编　张　俭　李轶伦
　　　　陈　卓　鞠忠衡

北京理工大学出版社
BEIJING INSTITUTE OF TECHNOLOGY PRESS

内 容 简 介

本书依托用友 U8 系统，包含 9 个项目、26 个任务。从企业期初建立账套入手，进行企业基础设置与维护及期初数据录入，经济业务包含总账日常业务、应付款业务、应收款业务、薪资业务、固定资产系统、月末处理及会计档案管理等。本书适用于应用型本科、高等职业院校的大数据与会计、大数据与审计、统计与会计核算等相关专业使用，还可以作为学习拓展资料以及相关培训用书。

图书在版编目（CIP）数据

业财一体信息化应用 / 赵越主编. --北京：北京理工大学出版社，2023.11

ISBN 978-7-5763-3224-7

Ⅰ. ①业… Ⅱ. ①赵… Ⅲ. ①会计信息-财务管理系统-教材 Ⅳ. ①F232

中国国家版本馆 CIP 数据核字（2023）第 242368 号

责任编辑：徐艳君　　文案编辑：徐艳君
责任校对：刘亚男　　责任印制：李志强

出版发行 / 北京理工大学出版社有限责任公司
社　　址 / 北京市丰台区四合庄路 6 号
邮　　编 / 100070
电　　话 / （010）68914026（教材售后服务热线）
　　　　　（010）68944437（课件资源服务热线）
网　　址 / http://www.bitpress.com.cn

版 印 次 / 2023 年 11 月第 1 版第 1 次印刷
印　　刷 / 涿州市新华印刷有限公司
开　　本 / 787 mm×1092 mm　1/16
印　　张 / 11
字　　数 / 256 千字
定　　价 / 72.00 元

前　言

党的二十大报告强调，加快建设数字中国，推进教育数字化。《"十四五"国家信息化规划》指出，"十四五"时期，信息化进入加快数字化发展、建设数字中国的新阶段。为切实落实党对社会发展和教育事业的要求，财会教育领域应充分发挥自身信息化技术优势，深度聚焦数字化，用数字化创新学习形式，用数字化"把脉"教学质量，用数字化深化社会服务，不断推进专业的数字化转型。

随着数字技术、业财一体化技术向各行业全面渗透，并实现跨界融合和倍增创新，数字化转型、业财一体信息化应用已经推动企业在业务、流程、人才等方面进行全面变革。

数字经济时代，企业规模已不是优势所在，而是要用数字化工具来发掘新模式、新价值、新商机，利用业财一体信息化技术增加营业收入，提高企业效率和竞争力。

本书与新道科技股份有限公司共同合作开发，以职业技能等级标准为依据，设计教材框架和内容，将新技术、新知识、新流程、新业务与案例引入教学。同时，本书将岗位职业需要融入有限的章节中，在职业技能颗粒度范围选择上进行合理取舍，与新道科技股份有限公司多名专家经过多次沟通，确定各章节的任务。

本书由赵越主编，具体分工如下：赵越编写项目一、项目二、项目三、项目四、项目九，张俭编写项目六、项目八，李轶伦编写项目五、项目七，陈卓、鞠忠衡负责全书任务资料的设定，最后由赵越、陈卓进行修改、定稿。

本书在编写过程中得到了新道科技股份有限公司的大力支持和帮助，在此表示感谢！由于时间及编者水平所限，书中如有不当之处，恳请广大读者批评指正并提出宝贵意见，使本书日渐完善。

编　者

2023 年 9 月

目录

项目一 企业背景资料

1. 企业基本信息

1.1　公司简介

辽宁裕盛商贸有限公司(简称辽宁裕盛)是一家销售家用电器的商贸公司，公司成立于2019年1月。主要经营范围：冰箱、洗衣机、空调、热水器、净水器、小家电等家用电器销售服务。本书使用的案例中主要销售冰箱、洗衣机、空调、小家电。

1.2　企业基本信息

企业名称：辽宁裕盛商贸有限公司

企业注册地址：辽宁省锦州市滨海新区111号

企业法定代表人：张宇

企业主要经营范围：冰箱、洗衣机、空调、小家电类家用电器销售服务

企业办公地址：辽宁省锦州市滨海新区111号

纳税人识别号：12310105206954321A

基本户开户银行：中国招商银行实训支行

基本户开户银行账号：666235891478

缴纳税务局：国家税务总局锦州市滨海新区税务局

2. 企业会计政策

会计制度：执行《企业会计准则》和《企业会计制度》及其补充规定。

会计年度：采用公历年度，即每年1月1日起至12月31日止。

营业周期：以12个月做一个营业周期，并以其作为资产和负债的流动性划分标准。

记账本位币：人民币。

记账基础和计价原则：采用借贷记账法，以权责发生制为记账基础，以历史成本为计价原则。

应收款项：包括应收账款、其他应收款等。

存货：包括库存商品、低值易耗品。存货取得时按实际成本计价，发出时按先进先出法计价，低值易耗品采用"一次摊销法"核算。

固定资产折旧方法：采用平均年限法，按月计提折旧。

收入确认原则：公司在履行了合同中的履约义务，即在客户取得相关商品或服务控制权时，按照分摊至该项履约义务的交易价格确认收入。

税项：公司主要适用增值税和企业所得税，增值税按应税收入的13%计算销项税额，并按扣除当期允许抵扣的进项税额后的差额缴纳增值税，企业所得税按应纳税所得额的25%缴纳。

项目二 基础设置与维护

章节概述

　　本项目主要进行账套的建立与用户权限设置、企业基础档案设置与维护、标准单据设置与维护，培养学生独立进行账套基础设置的能力。

任务 1　账套的建立与用户权限设置

学习目标

　　通过训练，学生能够在业财一体信息化平台上完成账套建立、增加操作员、设置操作员权限等工作，具备独立完成企业账套建立、用户权限的设置与维护能力。

任务 1.1　增加用户信息

【任务资料】

用户信息如表 2-1 所示。

表 2-1　用户信息

编号	姓名	用户类型	所属部门	角色
01	张宇	普通用户	财务中心	账套主管
02	汪伦	普通用户	财务中心	普通员工
03	李翔	普通用户	财务中心	普通员工
04	白译浩	普通用户	财务中心	普通员工
05	崔旭东	普通用户	运维中心	普通员工

续表

编号	姓名	用户类型	所属部门	角色
06	孙明	普通用户	运维中心	普通员工
07	苏波	普通用户	仓储中心	普通员工
08	崔旭生	普通用户	仓储中心	普通员工

【操作过程】

（1）以系统管理员（admin）身份登录，执行"开始→所有程序→用友 U8V10.1→系统服务→系统管理"命令，打开"用友 U8［系统管理］"界面。在该界面，执行"系统→注册"命令，打开"登录"界面，如图 2-1 所示。单击"登录"按钮，打开"系统管理"界面，如图 2-2 所示。

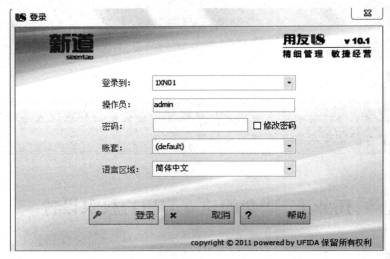

图 2-1　登录

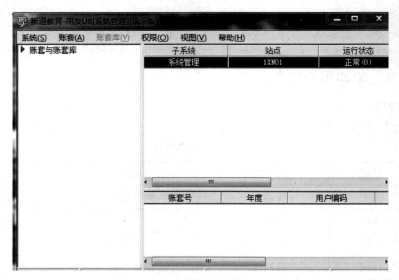

图 2-2　系统管理

（2）执行"权限→用户"命令，打开"用户管理"界面。

（3）单击工具栏的"增加"按钮，打开"操作员详细情况"界面。根据任务资料录入张宇的相关信息，结果如图 2-3 所示。单击"增加"按钮，保存该操作员。按上述方法依次增加其他操作员。最后单击"退出"按钮，退出"操作员详细情况"界面并返回"用户管理"界面。

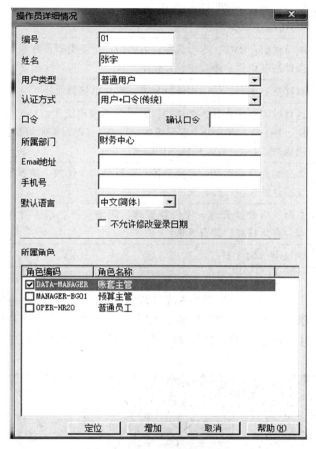

图 2-3 增加操作员

任务 1.2 创建账套

【任务资料】

根据企业会计制度和管理目标要求，在业财一体信息化平台上建立符合企业要求的账套，账套基本信息如表 2-2 所示。

表 2-2 账套基本信息

账套号及账套名称	账套号：001；账套名称：辽宁裕盛商贸有限公司
启用会计期	2021 年 1 月
单位名称	辽宁裕盛商贸有限公司(简称：辽宁裕盛)
单位地址	辽宁省锦州市滨海新区 111 号

续表

法人代表	张宇
邮政编码	121000
联系电话/传真	0416-1234567
电子邮件	yusheng@ 163. com
纳税人识别号	12310105206954321A
核算类型	本币代码：RMB；本币名称：人民币；企业类型：商业；行业性质：2007 年新会计制度科目；账套主管：张宇
基础信息	对存货、客户、供应商进行分类，有外币核算业务
编码方案	科目编码级次：4-2-2-2-2；客户分类编码级次：1-1-1；供应商分类编码级次：1-1-1；存货分类编码级次：1-1-1；部门编码级次：1-1-1；结算方式编码级次：1-1；收发类别编码级次：1-1
数据精度	该公司对存货数量、存货单价、开票单价、件数、换算率等小数位数均采用系统默认的 2 位
系统启用	总账、应收款管理、应付款管理、固定资产、销售管理、采购管理、库存管理、存货核算、薪资管理
系统启用日期	2021 年 1 月 1 日

【操作过程】

（1）以系统管理员身份登录，打开"系统管理"界面，执行"账套→建立"命令，打开如图 2-4 所示的"创建账套—建账方式"界面。建账方式有"新建空白账套"和"参照已有账套"两种，如果想利用已有账套的相关资料建账，选择"参照已有账套"，本书选择"新建空白账套"方式建账。

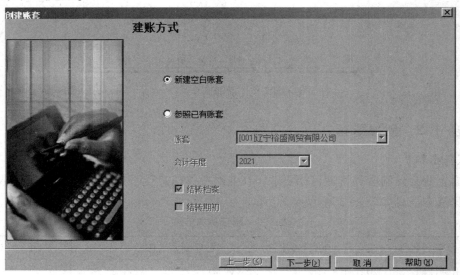

图 2-4　创建账套—建账方式

（2）单击"下一步"按钮，打开"创建账套—账套信息"界面。在"账套号"中录入"001"；在"账套名称"中录入"辽宁裕盛商贸有限公司"；在"启用会计期"中录入"2021 年 1 月"，启用会计期录入新建账套启用日期，也就是会计核算的第一个月份；关于"是否集团账套"选项，只有集团财务才允许启用"集团账套"系统，启用后，不允许启用"总账"模块，本书不勾选此项；其他项默认。结果如图 2-5 所示。

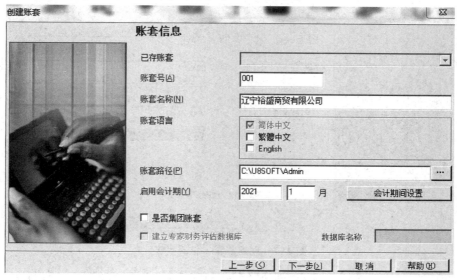

图 2-5　创建账套—账套信息

（3）所有信息录入完成后，单击"下一步"按钮，打开"创建账套—单位信息"界面，根据任务资料给出的信息录入单位名称、单位简称等单位基本信息，结果如图 2-6 所示。其中单位名称为必填项，其他信息为选填项。

图 2-6　创建账套—单位信息

（4）所有信息录入完成后，单击"下一步"按钮，打开"创建账套—核算类型"界面，输入相关信息，其中"企业类型"选择商业，"账套主管"用以确认新建账套的账套主管，只能从下拉框中选择，不能手工录入，本书选择"[01]张宇"，其他项默认，结果如图2-7所示。

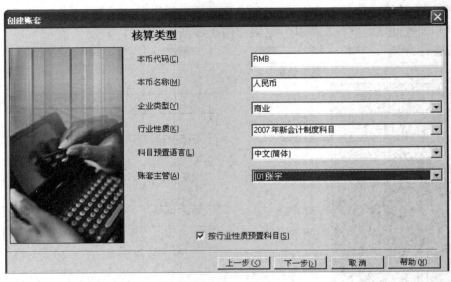

图 2-7 创建账套—核算类型

（5）单击"下一步"按钮，打开"创建账套—基础信息"界面，根据任务资料，存货、客户、供应商按公司的管理要求需进行分类管理，在各选项前打"√"，"有无外币核算"选项前也打"√"，为将来开展外币业务做准备，如图2-8所示。

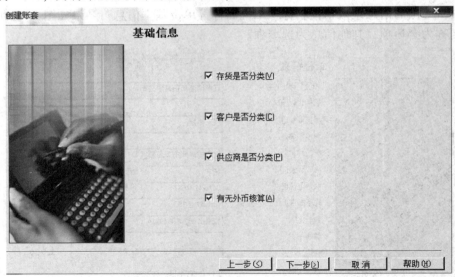

图 2-8 创建账套—基础信息

（6）单击"下一步"按钮，打开"创建账套—开始"界面，系统进入创建账套过程，如图2-9所示，系统提示是否创建账套，单击"是"按钮，系统开始建账。

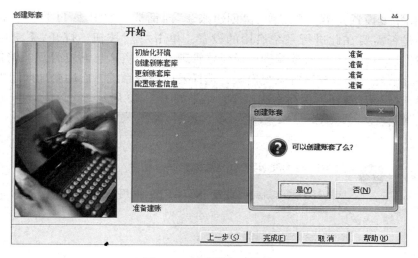

图 2-9　创建账套—开始

（7）建账完成后，系统弹出"编码方案"界面，为方便管理、分级核算，系统对编码进行分级设置。根据任务资料设置各项目的编码方案，结果如图 2-10 所示。单击"确定"按钮，再单击"取消"按钮，系统弹出"数据精度"对话框，单击"确定"按钮，保存此次操作。

项目	最大级数	最大长度	单级最大长度	第1级	第2级	第3级	第4级	第5级	第6级	第7级	第8级	第9级
科目编码级次	13	40	9		2	2	2	2				
客户分类编码级次	5	12	9	1	1	1						
供应商分类编码级次	5	12	9	1	1	1						
存货分类编码级次	8	12	9	1	1	1						
部门编码级次	9	12	9	1	1	1						
地区分类编码级次	5	12	9	2	3	4						
费用项目分类	5	12	9	1	2							
结算方式编码级次	2	3	3	1	1							
货位编码级次	8	20	9	2	3	4						
收发类别编码级次	3	5	5	1	1							
项目设备	8	30	9	2	2							
责任中心分类档案	5	30	9	2	2							
项目要素分类档案	6	30	9	2	2							
客户权限组级次	5	12	9	2	3	4						

确定(O)　取消(C)　帮助(P)

图 2-10　编码方案

（8）数据精度设置完毕，系统弹出"创建账套"对话框，如图 2-11 所示，提示建账成功，并询问是否需要在此进行系统启用的设置，单击"是"按钮，打开"系统启用"界面。本书中，我们启用总账、应收款管理、应付款管理、固定资产、薪资管理、销售管理、采购管理、库存管理、存货核算等系统模块，选择要启用的系统，启用会计期间为 2021 年 1 月 1 日，单击"确定"按钮，保存本次操作，结果如图 2-12 所示。

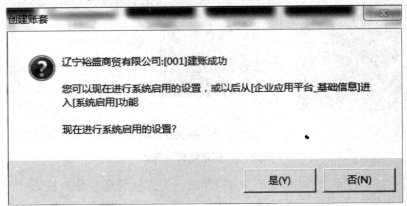

图 2-11　系统启用提示框

图 2-12　系统启用

任务 1.3　用户权限设置

【任务资料】

用户权限如表 2-3 所示。

表 2-3 用户权限

编码	姓名	所属部门	操作权限
01	张宇	财务中心	账套主管
02	汪伦	财务中心	总账的全部权限
03	李翔	财务中心	审核凭证、查询凭证、对账结账、UFO 报表
04	白译浩	财务中心	应收款管理系统、应付款管理系统、固定资产系统、薪资管理系统的全部权限
07	苏波	仓储中心	销售管理系统全部权限

【操作过程】

（1）以系统管理员（admin）身份登录系统管理，执行功能菜单"权限"下的"权限"命令，打开"操作员权限"界面。账套主管张宇具有所有权限，不需要进行修改。

（2）在左侧显示的本账套库内所有用户列表中选择操作员"汪伦"，单击工具栏的"修改"按钮，单击展开功能目录树，单击表示选中某项详细功能，根据任务资料给汪伦授权，单击工具栏的"保存"按钮，保存授权结果，如图 2-13 所示。其余操作员按照上述操作进行修改。

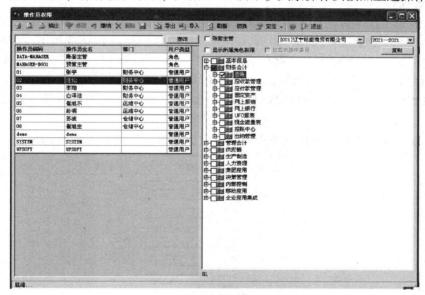

图 2-13 操作员权限

任务 2 企业基础档案设置与维护

🎯 **学习目标**

通过实训，学生具备在业财一体信息化平台上完成企业基础档案信息录入与维护的能力，达到胜任基于业财一体信息化平台进行企业会计基础信息设置与维护的职责目标。

任务 2.1　部门档案

【任务资料】

部门档案如表 2-4 所示。

表 2-4　部门档案

部门编码	部门名称
1	总经理办公室
2	财务中心
3	采购中心
4	销售中心
5	仓储中心
6	管理中心
7	运维中心

【操作过程】

（1）2021 年 1 月 1 日，张宇登录业财一体信息化平台，执行"基础设置→机构人员→部门档案"命令，打开"部门档案"界面。单击工具栏的"增加"按钮或按 F5 功能键，在编辑区"部门编码"栏中录入"1"，"部门名称"栏中录入"总经理办公室"，录入完毕单击工具栏的"保存"按钮或按 F6 功能键确认录入的信息，除部门编码和部门名称为必填项，其他项目均可省略。部门编码须符合部门编码规则要求，部门名称可以重复，但部门编码不可以重复。

（2）单击"增加"按钮，根据任务资料继续增加其他部门档案，结果如图 2-14 所示。

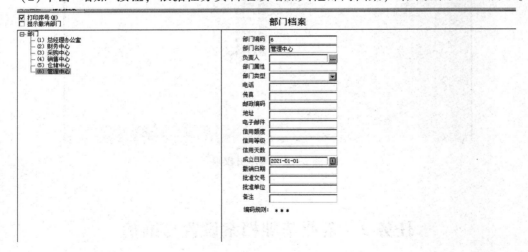

图 2-14　部门档案

任务 2.2　人员类别

【任务资料】

人员类别如表 2-5 所示。

表 2-5　人员类别

类别	档案编号	名称
正式工	10101	管理人员
	10102	财务人员
	10103	销售人员
	10104	采购人员
	10105	仓储人员

【操作过程】

（1）张宇登录业财一体信息化平台，执行"基础设置→机构人员→人员类别"命令，打开"人员类别"界面，单击左侧目录区的"正式工"，单击"增加"按钮，显示"增加档案项"界面。

（2）在"档案编码"栏中录入 10101，"档案名称"栏中录入"管理人员"，单击"确定"按钮。继续录入剩余的人员类别档案。全部录入完毕，关闭"增加档案项"界面，返回"人员类别"界面，如图 2-15 所示。退出该界面。系统预置"正式工""合同工""实习生"三个人员类别，当某类别已使用时，不允许增加其子类别，其中编码、名称必须录入，且编码不可以重复。

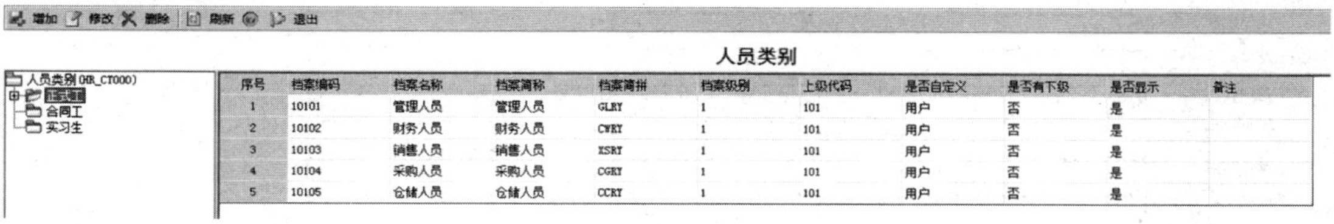

图 2-15　人员类别

任务 2.3　人员档案

【任务资料】

人员档案如表 2-6 所示（所有人员均为业务员）。

表 2-6　人员档案

编码	姓名	部门名称	人员类别	岗位	性别	雇佣状态
11	李天明	总经理办公室	管理人员	总经理	男	在职
01	张宇	财务中心	财务人员	财务总监	女	在职
02	汪伦	财务中心	财务人员	财务会计	男	在职
03	李翔	财务中心	财务人员	往来会计、资产会计	男	在职
04	白译浩	财务中心	财务人员	出纳	男	在职
31	何乐	销售中心	销售人员	销售总监	女	在职
32	王鑫	销售中心	销售人员	销售专员	女	在职
05	崔旭东	运维中心	管理人员	维修专员	男	在职
06	孙明	运维中心	管理人员	物流专员	男	在职

续表

编码	姓名	部门名称	人员类别	岗位	性别	雇佣状态
07	苏波	仓储中心	仓储人员	仓储总监	男	在职
08	崔旭生	仓储中心	仓储人员	仓储专员	男	在职
09	刘宁	运维中心	管理人员	数据专员	男	在职
61	黄松	采购中心	采购人员	采购专员	男	在职

【操作过程】

（1）张宇登录业财一体信息化平台。执行"基础设置→机构人员→人员档案"命令，打开"人员档案"界面。根据任务资料，单击左侧目录区选择要增加人员的部门，单击工具栏的"增加"按钮，弹出人员档案录入界面，录入档案信息，结果如图 2-16 所示。单击"保存"按钮，若该人员已在系统管理中设置为操作员，则系统弹出提示框"人员信息已改，是否同步修改操作员的相关信息"，单击"是"按钮，系统保存该人员信息。

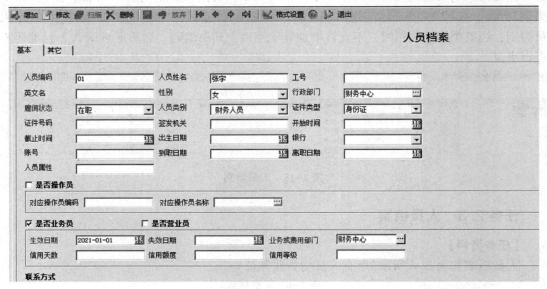

图 2-16　人员档案

（2）继续录入剩余人员的档案信息，录入完毕退出该界面，返回"人员档案"界面。在录入信息时，人员编码、人员姓名、性别、雇佣状态、人员类别和行政部门为必填项。

任务 2.4　地区分类

【任务资料】

地区分类如表 2-7 所示。

表 2-7　地区分类

分类编码	地区分类
01	省内
02	省外

【操作过程】

（1）2021年1月1日，张宇登录业财一体信息化平台，执行"基础设置→基础档案→客商信息→地区分类"命令，打开"地区分类"界面。

（2）根据任务资料，单击工具栏的"增加"按钮，在编辑区"分类编码"栏中录入"01"，"分类名称"栏中录入"省内"，单击"保存"按钮，保存该地区分类，结果如图2-17所示。单击"增加"按钮，继续添加剩余的地区分类信息。

图 2-17 地区分类

任务2.5 客户分类

【任务资料】

为实现企业内部对于客户的统一有效识别，支撑企业的个性化服务与专业化营销，企业将客户按照不同属性特征进行有效性识别与差异化区分。客户分类如表2-8所示。

表 2-8 客户分类

分类编码	分类名称
1	一般类
2	其他

【操作过程】

（1）张宇登录业财一体信息化平台，执行"基础设置→基础档案→客商信息→客户分类"命令，打开"客户分类"界面。

（2）根据任务资料，单击"增加"按钮，在右侧编辑区"分类编码"栏中录入"1"，"分类名称"栏中录入"一般类"，单击"保存"按钮或按F6功能键确认录入的信息，保存该客户分类。单击"增加"按钮，继续添加剩余的客户分类信息，结果如图2-18所示。客户分类必须逐级增加，不能越级增加；客户分类只能修改分类名称，不能修改分类编码；已经使用的客户分类和非末级客户分类均不能删除。

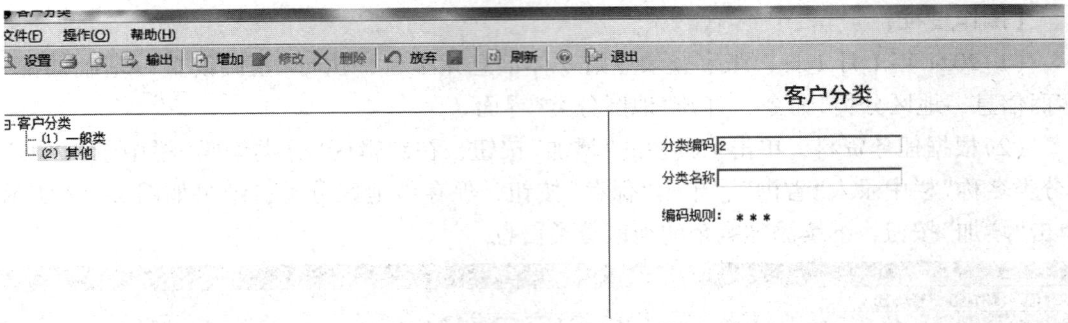

图 2-18　客户分类

任务2.6　设置供应商分类

【任务资料】

为了更好地进行风险管理，优化采购决策，企业应将供应商按照一定的标准和特征进行分组和归类，供应商分类如表2-9所示。

表 2-9　供应商分类

分类编码	分类名称
1	冰箱供应商
2	洗衣机供应商
3	空调供应商
4	小家电供应商

【操作过程】

（1）张宇登录业财一体信息化平台，执行"基础设置→基础档案→客商信息→供应商分类"命令，打开"供应商分类"界面。

（2）根据任务资料，单击"增加"按钮，在右侧编辑区"分类码"栏中录入"1"，"分类名称"栏中录入"冰箱供应商"，单击"保存"按钮或按 F6 功能键确认录入的信息，保存该供应商分类。单击"增加"按钮，继续添加剩余的供应商分类信息，结果如图 2-19 所示。供应商分类必须逐级增加，不能越级增加；供应商分类只能修改分类名称，不能修改分类编码；已经使用的供应商分类和非末级供应商分类均不能删除。

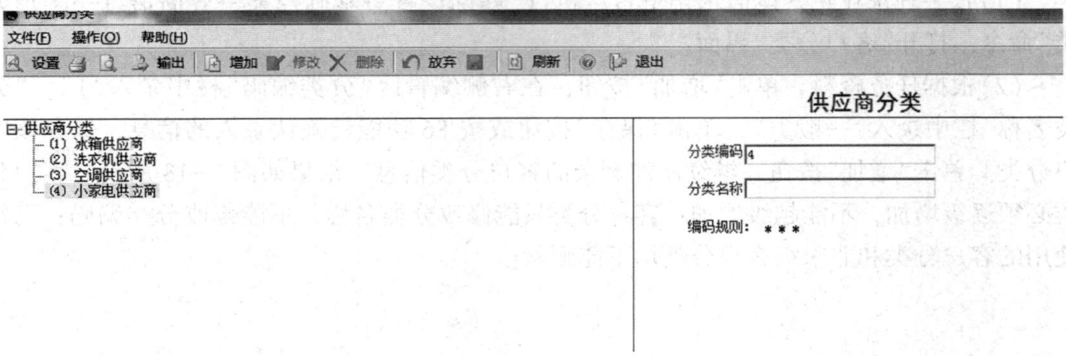

图 2-19　供应商分类

任务2.7　设置客户档案

【任务资料】

为掌握客户的详细信息，实现以客户为中心的个性化服务和企业资源配置最优，需要建立客户档案，完善客户交易信息。客户档案如表2-10所示。

表2-10　客户档案

编码	客户名称	客户简称	所属地区	所属分类	地址、电话	税号	开户银行、账号
1	辽宁万盛商贸中心	辽宁万盛	01	1	辽宁省锦州市滨海新区1-1号 0416-2233213	15682136579543981A	招商银行锦州滨海支行 6225362849762160123
2	北京新兴百货有限公司	北京新兴	02	1	北京市昌平区2-2号 010-79625313	23782196539512979C	中国银行北京昌平支行 6216532897000891698
3	上海名奢商业中心	上海名奢	02	1	上海市南京东路100号	36002591763047898A	中国银行上海南京路支行 6216986222256300177
4	西安丰豪购物中心	西安丰豪	02	1	西安市解放路96号	693028741954830021B	中国工商银行西安解放路支行 2103934506394280020

【操作过程】

（1）张宇登录业财一体信息化平台，执行"基础设置→基础档案→客商信息→客户档案"命令，打开"客户档案"界面。

（2）单击工具栏的"增加"按钮或按F5功能键，根据任务资料，在"基本"选项卡的"客户编码"栏中录入"1"，"客户名称"栏中录入"辽宁万盛商贸中心"，"税号"栏中录入"15682136579543981A"，如图2-20所示。

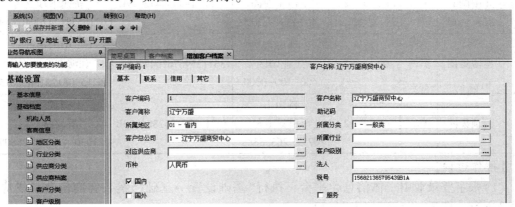

图2-20　客户档案

单击"联系"选项卡，在"地址"栏中录入"辽宁省锦州市滨海新区1-1号"，"电话"栏中录入"0416-2233213"。单击工具栏的"银行"按钮，弹出"客户银行档案"界面，单击工具栏的"增加"按钮，在"所属银行"栏中选择"中国招商银行"，"开户银行"栏中录入"招商银行锦州滨海支行"，"银行账号"栏中录入"6225362849762160123"，"默认值"选择"是"。单击"保存"按钮或 F6 功能键确认录入的信息后，再退出该界面并返回"客户档案"界面。

（3）单击"增加"按钮，继续添加剩余的客户档案。客户编码、客户名称、客户简称、所属分类等都是客户的主要信息，必须录入，即界面上蓝色显示的项目均为必填项。录入完毕后关闭录入界面返回"客户档案"界面，结果如图 2-21 所示。

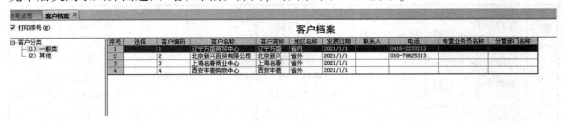

图 2-21　客户档案

任务 2.8　设置供应商档案

【任务资料】

供应商管理是企业经营管理的重要环节，为了与供应商建立长期且稳定的合作伙伴关系，需要完善供应商信息。供应商如表 2-11 所示。

表 2-11　供应商档案

编码	名称	简称	所属地区	所属分类	地址、电话	税号	开户银行、账号
1	海峰集团	海峰	02	1	山东省青岛市高科技工业园 400-699-9999	45602916579443280A	中国银行青岛支行 6219006284202160123
2	下沙（中国）有限公司	下沙	02	2	杭州市下沙工业园 400-881-1315	13882199539412777C	中国银行杭州下沙支行 62166581247094089601
3	奥博集团	奥博	02	3	珠海市工业园区 400-100-0000	36112596763047708A	中国银行珠海工业园支行 6215906122186200151
4	美颂集团	美颂	02	2	佛山市顺德区 6 号 0757-26338888	593128721352824090B	中国工商银行解放路支行 2103034102394288099

【操作过程】

（1）张宇登录业财一体信息化平台，执行"基础设置→基础档案→客商信息→供应商档案"命令，打开"供应商档案"界面。

（2）单击工具栏的"增加"按钮，根据任务资料在"基本"选项卡的"供应商编码"栏中录入"1"，"供应商名称"栏中录入"海峰集团"，"税号"栏中录入"45602916579443280A"，"开户银行"栏中录入"中国银行青岛支行"，"银行账号"栏中录入"6219006284202160123"，如图 2-22 所示。

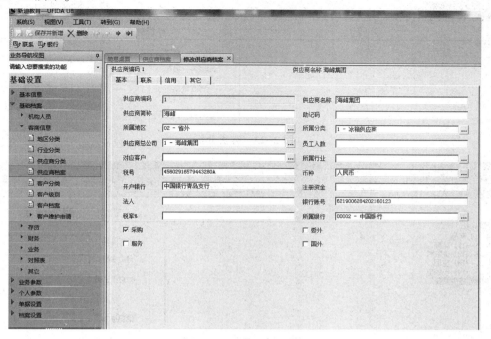

图 2-22　供应商档案

任务 2.9　设置存货分类

【任务资料】

为了日常管理中能够突出重点，有效地节约人力、物力和财力，企业需要对不同存货类别采用有所区别的管理方法。存货分类如表 2-12 所示。

表 2-12　存货分类

编码	名称
1	商品
11	冰箱
12	洗衣机
13	空调
14	小家电
2	应税劳务

【操作过程】

（1）2021 年 1 月 1 日，张宇登录业财一体信息化平台，执行"基础设置→基础档案→存货→存货分类"命令，打开"存货分类"界面。

（2）单击工具栏的"增加"按钮，根据任务资料，在"分类编码"栏中录入"1"，"分类名称"栏中录入"商品"，单击"保存"按钮，保存该存货分类，如图 2-23 所示。单击"增加"按钮，继续添加剩余存货分类信息，结果如图 2-24 所示。

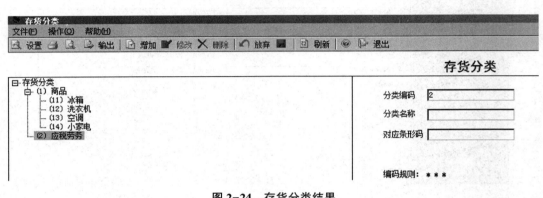

图 2-23　存货分类

图 2-24　存货分类结果

任务 2.10　计量单位

【任务资料】

计量单位组及计量单位如表 2-13 所示。

表 2-13　计量单位组及计量单位

计量单位组			计量单位	
编码	名称	类别	编码	名称
1	自然单位组	无换算率	11	台
			12	个
			13	千米

【操作过程】

(1)张宇登录业财一体信息化平台,执行"基础设置→基础档案→存货→计量单位"命令,打开"计量单位—计量单位组"界面。

(2)单击工具栏的"分组"按钮,打开"计量单位组"界面,单击工具栏的"增加"按钮,在"计量单位组编码"栏中录入"1","计量单位组名称"栏中录入"自然单位组","计量单位组类别"选择"无换算率",单击"保存"按钮,保存该计量单位组。

(3)退出"计量单位组"界面,返回"计量单位"界面,单击工具栏的"单位"按钮,打开"计量单位"界面。根据任务资料,单击工具栏的"增加"按钮,在"计量单位编码"栏中录入"11",在"计量单位名称"栏中录入"台",单击"保存"按钮,结果如图 2-25 所示。

图 2-25 计量单位

(4)继续添加剩余计量单位,添加完毕退出"计量单位"界面。

任务 2.11 存货档案

【任务资料】

存货档案如表 2-14 所示。

表 2-14 存货档案

存货分类	存货编码	存货名称	计量单位	税率	存货属性
11	111	智享系列 BCD— 112	台	13%	内销、外销、外购
11	112	BCE-532W	台	13%	内销、外销、外购
12	121	XQB45-33	台	13%	内销、外销、外购
12	122	XPB-4S	台	13%	内销、外销、外购
13	131	冷尚 CN-3C	台	13%	内销、外销、外购
13	132	冷静星系列	台	13%	内销、外销、外购
2	211	运输费	千米	9%	内销、外销、外购、应税劳务

【操作过程】

(1)张宇登录业财一体信息化平台,执行"基础设置→基础档案→存货—存货档案"命令,打开"存货档案"界面。

(2)单击工具栏的"增加"按钮,打开"增加存货档案"界面。根据任务资料,录入"智享系列 BCD—112"的存货档案,如图 2-26 所示,单击"保存并新增"按钮,保存该存货档案并添加剩余存货档案。

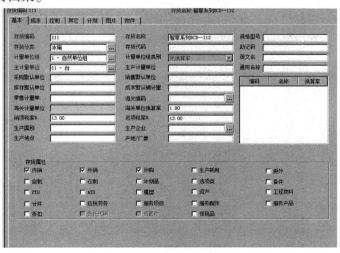

图 2-26 存货档案

（3）所有存货档案添加完毕，关闭"增加存货档案"界面，返回"存货档案"界面，结果如图 2-27 所示。

图 2-27　存货档案结果

任务 2.12　会计科目设置

1. 指定会计科目

【任务资料】

指定现金科目、银行科目、现金流量科目。

【操作过程】

2021 年 1 月 1 日，张宇登录业财一体信息化平台，执行"基础设置→基础档案→财务→会计科目"命令，打开"会计科目"界面。执行"编辑→指定科目"命令，打开"指定科目"对话框。在左侧选中"现金科目"时，将"待选科目"中的"1001 库存现金"科目用单选按钮移到"已选科目"区，如图 2-28 所示。在左侧选中"银行科目"时，将"待选科目"中的"1002 银行存款"科目用单选按钮移到"已选科目"区。在左侧选中"现金流量科目"时，将"待选科目"中的"库存现金""银行存款""其他货币资金"的末级科目选中并添加到"已选科目"后，单击"确定"按钮，完成"指定科目"并返回"会计科目"界面。

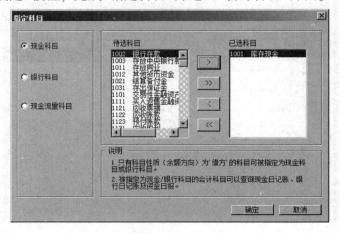

图 2-28　指定科目

2. 增加会计科目

【任务资料】

会计科目如表 2-15 所示。

表 2-15　会计科目

科目编码	科目名称	辅助项
100201	招商银行	日记账、银行账
100202	锦州银行	日记账、银行账
110101	成本	项目核算
110102	公允价值变动	项目核算
122101	职工个人往来	个人往来
190101	待处理流动资产损益	
190102	待处理固定资产损益	
220201	一般应付款	供应商往来，受控于应付系统
220202	暂估应付款	供应商往来，不受控于应付系统
221101	工资	
221102	医疗保险	
221103	生育险	
221104	养老保险	
221105	失业险	
221106	住房公积金	
221107	工伤险	
221108	福利费	
221109	工会经费	
222101	应交增值税	
22210101	进项税额	
22210102	销项税额	
222102	未交增值税	
222103	应交个人所得税	
222104	应交企业所得税	
222105	应交城建税	

续表

科目编码	科目名称	辅助项
222106	应交教育费附加	
224101	代扣医疗保险	
224102	代扣养老保险	
224103	代扣失业保险	
224104	代扣住房公积金	
410401	未分配利润	
660101	折旧费	部门核算
660102	水电费	部门核算
660103	办公费	部门核算
660104	差旅费	个人往来
660105	业务招待费	部门核算
660106	修理费	
660107	保险费	
660108	职工薪酬	
660201	折旧费	部门核算
660202	水电费	部门核算
660203	办公费	部门核算
660204	差旅费	个人往来
660205	业务招待费	部门核算
660206	修理费	
660207	保险费	
660208	职工薪酬	
660301	现金折扣	
660302	利息支出	
660303	票据贴现	
660304	汇兑损益	
6702	信用减值损失	

【操作过程】

2021年1月1日，张宇登录业财一体信息化平台，执行"基础设置→基础档案→财务→会计科目"命令，打开"会计科目"界面。单击"增加"按钮或按F5功能键即可打开"新增会计科目"界面，在"科目编码"栏中录入"100201"，在"科目名称"栏中录入"招商银行"，单击"确定"按钮，该科目添加成功，如图2-29所示。单击"增加"按钮，继续添加剩余会计科目，添加方法同上，全部添加完毕后，退出"新增会计科目"界面。科目编码必须唯一，科目编码必须按级次建立，且只能由数字组成，长度必须按编码规则填写。

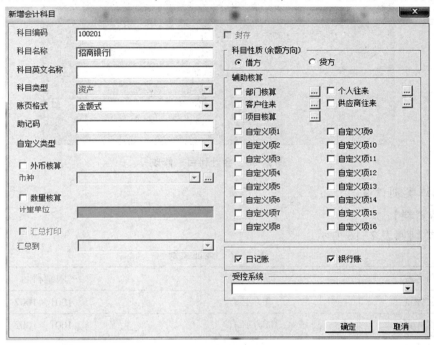

图 2-29　新增会计科目

任务2.13　辅助核算项、凭证类别设置

1. 辅助核算项设置

【任务资料】

将"应收票据""应收账款""预收账款"辅助核算修改为"客户往来，受控于应收系统"；将"应付票据""预付账款"辅助核算修改为"供应商往来，受控于应付系统"。

【操作过程】

辅助核算项也称辅助账类，为系统提供部门核算、个人往来核算、客户往来核算、供应商往来核算、项目核算等多种专项核算功能。辅助核算项设置可以在增加会计科目时直接勾选相应的选项，也可以在"会计科目—修改"界面进行。选中要修改的"1121应收票据"会计科目，单击"修改"按钮，打开"会计科目—修改"界面，在"辅助核算"区选中"客户往来，受控于应收系统"，如图2-30所示，再单击"确定"按钮即可完成修改操作。剩余科目修改方法同上。设置辅助核算项时，建议同时设置受控系统，否则容易出现对账错误。

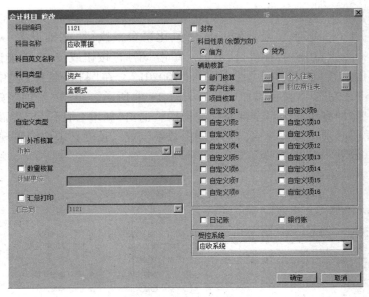

图 2-30　会计科目—修改

2. 凭证类别设置

【任务资料】

凭证类别如表 2-16 所示。

表 2-16　凭证类别

类别名称	限制类型	限制科目
收款凭证	借方必有	1001，1002
付款凭证	贷方必有	1001，1002
转账凭证	凭证必无	1001，1002

【操作过程】

（1）张宇登录业财一体信息化平台，执行"基础设置→基础档案→财务→凭证类别"命令，打开"凭证类别预置"界面，系统提供了五种常用的凭证分类方式供选择，选择其中一种即可。本书中，选择第二种"收款凭证 付款凭证 转账凭证"分类方式，如图 2-31 所示。

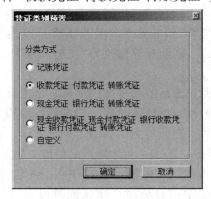

图 2-31　凭证类别预置

（2）单击"确定"按钮，打开"凭证类别"界面，单击"修改"按钮，选择各类凭证的"限制类型"，并输入其限制科目，如图2-32所示，然后退出该界面。凭证类别一旦使用，就不可以删除。

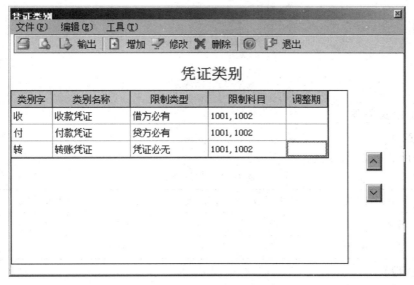

图 2-32　凭证类别

任务 2.14　收付结算

1. 设置结算方式

【任务资料】

结算方式如表2-17所示。

表 2-17　结算方式

编码	名称
1	现金
2	支票
21	现金支票
22	转账支票
3	汇票
31	银行承兑汇票
32	商业承兑汇票
4	其他

【操作过程】

2021年1月1日，张宇登录业财一体信息化平台，执行"基础设置→基础档案→收付结算→结算方式"命令，打开"结算方式"界面。单击"增加"按钮，根据任务资料添加结算方式并保存，结果如图2-33所示。

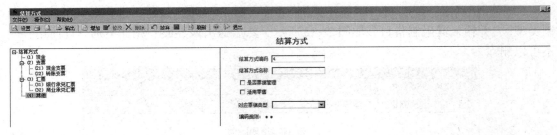

图 2-33　结算方式

2. 设置付款条件

【任务资料】

付款条件如表 2-18 所示。

表 2-18　付款条件

编码	付款条件名称	信用天数	优惠天数 1	优惠率 1	优惠天数 2	优惠率 2
1	3/10，2/20，n/30	30	10	3.0000	20	2.0000
2	2/10，n/20	20	10	2.0000		0.0000

【操作过程】

张宇登录业财一体信息化应用平台，执行"基础设置→基础档案→收付结算→付款条件"命令，打开"付款条件"界面。单击"增加"按钮，根据任务资料录入付款条件编码、信用天数，以及优惠天数和优惠率并保存，结果如图 2-34 所示。

序号	付款条件编码	付款条件名称	信用天数	优惠天数1	优惠率1	优惠天数2	优惠率2	优惠天数3	优惠率3	优惠天数4	优惠率4
1	1	3/10, 2/20, n/30	30	10	3.0000	20	2.0000	0	0.0000	0	0.0000
2	2	2/10, n/20	20	10	2.0000	0	0.0000	0	0.0000	0	0.0000

图 2-34　付款条件

3. 设置本单位开户银行

【任务资料】

收发类别如表 2-19 所示。

表 2-19　收发类别

编码	银行账号	币种	开户银行	所属银行编码
01	666235891478	人民币	中国招商银行实训支行	01

【操作过程】

张宇登录业财一体信息化应用平台，执行"基础设置→基础档案→收付结算→本单位开户银行"命令，打开"本单位开户银行"界面。单击"增加"按钮，根据任务资料录入编码、银行账号、币种、开户银行和所属银行编码等信息并保存，结果如图 2-35 所示。

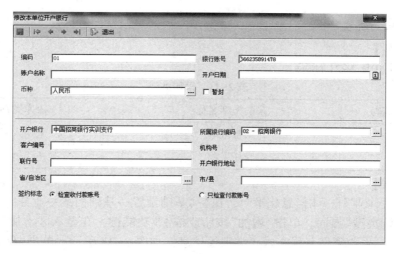

图 2-35 增加本单位开户银行

任务 2.15 收发类别、采购类型和销售类型设置

1. 设置收发类别

【任务资料】

收发类别如表 2-20 所示。

表 2-20 收发类别

收发类别编码	收发类别名称	收发标志	收发类别编码	收发类别名称	收发标志
1	入库	收	2	出库	发
11	采购入库		21	销售出库	
12	盘盈入库		22	盘亏出库	
13	受托代销入库		23	委托代销出库	

【操作过程】

(1)张宇登录业财一体信息化平台,执行"基础设置→基础档案→业务→收发类别"命令,打开"收发类别"界面。单击"增加"按钮或按 F5 功能键,录入收发类别编码、收发类别名称,结果如图 2-36 所示。单击"保存"或按 F6 功能键完成本次操作。

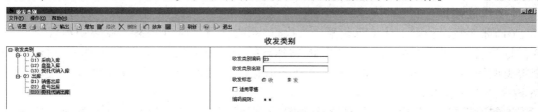

图 2-36 收发类别

(2)其他收发类别的录入方法同上,不再赘述。收发类别编码、收发类别名称、收发标志为必填项;收发类别编码、收发类别名称不允许重复;对已存在记录的收发类别,可以修改收发类别名称,但不可以修改收发类别编码,更不可以删除。

2. 设置采购类型

【任务资料】

采购类型如表 2-21 所示。

表 2-21 采购类型

采购类型编码	采购类型名称	入库类别
01	正常采购	采购入库
02	受托采购	受托代销入库

【操作过程】

(1)张宇登录业财一体信息化平台,执行"基础设置→基础档案→业务→采购类型"命令,打开"采购类型"界面。单击"增加"按钮或按 F5 功能键,在显示区增加一空行,录入采购类型编码、采购类型名称、入库类别等信息,如图 2-37 所示。单击"保存"按钮或按 F6 键完成本次操作。

图 2-37 采购类型

(2)其他采购类型的录入方法同上,不再赘述。采购类型编码、采购类型名称、入库类别为必填项;采购类型编码、采购类型名称不允许重复;对已存在记录的采购类型,可以修改采购类型名称,但不可以修改采购类型编码,更不可以删除。

3. 设置销售类型

【任务资料】

销售类型如表 2-22 所示。

表 2-22 销售类型

销售类型编码	销售类型名称	出库类别
01	正常销售	销售出库
02	委托代销	委托代销出库

【操作过程】

(1)张宇登录业财一体信息化平台,执行"基础设置→基础档案→业务→销售类型"命令,打开"销售类型"界面。单击"增加"按钮或按 F5 功能键,在显示区增加一空行,录入销售类型编码、销售类型名称、出库类别等信息,如图 2-38 所示。单击"保存"按钮或按 F6 键完成本次操作。

图 2-38 销售类型

（2）其他销售类型的录入方法同上，不再赘述。销售类型编码、销售类型名称、出库类别为必填项，销售类型编码、销售类型名称不允许重复，对已存在记录的销售类型，可以修改销售类型名称，但不可以修改销售类型编码，更不可以删除。

任务3　标准单据设置与维护

学习目标

通过训练，学生能够在业财一体信息化平台上完成标准单据的设置与维护工作，具备独立完成企业业务中各种标准单据的设置与维护能力，达到胜任基于业财一体信息化平台的岗位职责目标。

任务3.1　收款单据格式设置

【任务资料】

在应收款管理系统中的应收收款单的表头增加应收款余额项目。

【操作过程】

张宇登录业财一体信息化平台，执行"基础设置→单据设置→单据格式设置"命令，打开"单据格式设置"界面。在左侧的"U8 单据目录分类"栏中，执行"应收款管理→应收收款单→显示→应收收款单显示模板"命令，右侧显示收款单格式设置模板，如图 2-39 所示。单击工具栏中的"表头项目"按钮，在显示的"表头"界面中，选择"应收款余额"项目，用鼠标按住该项目拖动到如图 2-39 所示的合适位置。

图 2-39　单据格式设置

任务3.2　购销单据格式设置

【任务资料】

将销售管理系统的销售订单的标题字体设置为楷体，字号设置为 18 号。

【操作过程】

张宇登录业财一体信息化平台，执行"基础设置→单据设置→单据格式设置"命令，打开"单据格式设置"界面，在左侧的"U8 单据目录分类"栏中，执行"供应链→销售管理→销售订单→显示→销售订单显示模板"命令，选择单据模板中的标题，单击右键选择"属性"，弹出如图 2-40 所示的"属性"界面，"字体名称"选择"楷体"，"字号"选择"18"，修改完成后单击"确定"按钮确认本次操作。单击"保存"按钮，保存销售订单模板。

图 2-40　购销单属性

任务 3.3　存货相关单据格式设置

【任务资料】

将销售出库单的现存量删除。

【操作过程】

张宇登录业财一体信息化平台，执行"基础设置→单据设置→单据格式设置"命令，打开"单据格式设置"界面。在左侧的"U8 单据目录分类"栏中，执行"库存管理→销售出库单→显示→销售出库单显示模板"命令，用鼠标单击界面下方的"现存量"项目，弹出"删除"对话框，单击"是"按钮确认本次操作，如图 2-41 所示。单击"保存"按钮，保存销售出库单模板。

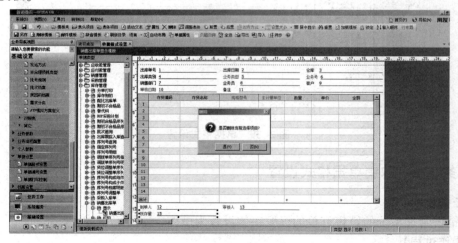

图 2-41　单据格式设置

任务3.4 单据编号设置

【任务资料】

(1)使销售专用发票、销售普通发票编号"手工改动，重号时自动重取"。

(2)使采购专用发票、采购普通发票编号"完全手工编号"。

【操作过程】

(1)张宇登录业财一体信息化平台，执行"基础设置→单据设置→单据编号设置"命令，打开"单据编号设置"界面。

(2)根据任务资料，在"销售管理"中找到"销售专用发票"，单击"编辑"按钮，勾选"手工改动，重号时自动重取"项，如图2-42所示。单击"保存"按钮，完成该单据的单据编号设置。按上述方法继续对剩余三张单据(销售普通发票、采购专用发票、采购普通发票)进行单据编号设置。

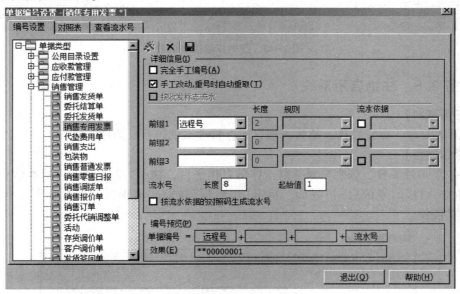

图2-42 单据编号设置

任务3.5 数据及权限设置

【任务资料】

取消对"仓库""工资权限""科目"这三个业务对象的"记录级"权限控制。

【操作过程】

(1)2021年1月1日，张宇登录业财一体信息化平台，执行"系统服务→权限→数据权限控制设置"命令，打开"数据权限控制设置"界面。

(2)取消勾选"仓库""工资权限""科目"这三个业务对象的"是否控制"项，如图2-43所示。单击"确定"按钮，完成数据权限设置。

图 2-43 数据权限控制设置

任务 3.6 注销启用系统

【任务资料】

对采购管理、存货核算、销售管理、库存管理系统进行反启用。

【操作过程】

2021 年 1 月 1 日，张宇登录业财一体信息化平台，执行"基础设置→基本信息→系统启用"命令，打开"系统启用"界面，单击"反启用"按钮，出现提示信息如图 2-44 所示，单击"是"按钮。

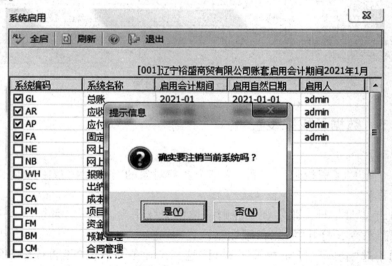

图 2-44 反启用系统

讨论与思考

1. 如何设置用户权限？账套用户设置不同权限有何意义与作用？
2. 如何设置客户档案和供应商档案？二者有何相同点和不同点？
3. 会计科目编码的设置有何要求？
4. 如何设置收款单据格式和销售订单格式？两类单据提供的信息有何异同？
5. 需要进行编号的单据包括哪些类型？如何设置单据编号？

项目三　期初数据录入

章节概述

　　本项目主要进行财务期初数据录入以及应收应付期初数据录入，培养学生独立进行各个项目期初数据维护的能力。

任务 1　财务期初数据录入

学习目标

　　通过训练，学生能够在业财一体信息化平台上完成财务期初数据录入的工作，具备独立完成财务期初数据维护的能力，达到胜任业财一体信息化平台数据维护岗位工作职责目标。

任务 1.1　总账期初数据录入

1. 设置系统参数

【任务资料】

总账系统参数如表 3-1 所示。

表 3-1　总账系统参数

系统名称	选项卡	选项设置
总账	凭证	取消"制单序时控制"
	权限	凭证审核控制到操作员； 不允许修改、作废他人填制的凭证

续表

系统名称	选项卡	选项设置
总账	其他	汇率方式：浮动汇率； 设置项目排序方式：按编码排序

【操作过程】

（1）2021年1月1日，张宇登录业财一体信息化平台，执行"业务→财务会计→总账"命令，打开总账系统。

（2）在总账系统中，执行"设置→选项"命令，打开"选项"界面，单击"编辑"按钮。

（3）在"凭证"选项卡中，取消选中"制单序时控制"复选框，如图3-1所示；在"权限"选项卡中，选中"凭证审核控制到操作员"复选框，取消选中"允许修改、作废他人填制的凭证"复选框，如图3-2所示；在"其他"选项卡中，汇率方式选中"浮动汇率"复选框，项目排序方式选中"按编码排序"复选框，如图3-3所示。

图3-1 凭证选项设置

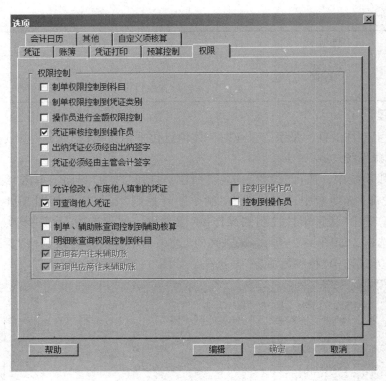

图 3-2　权限选项设置

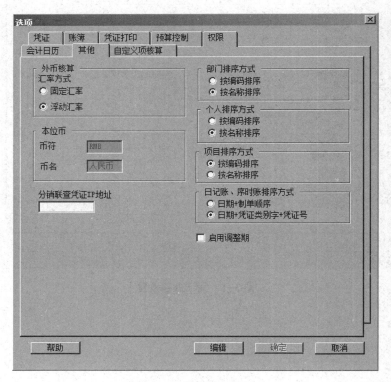

图 3-3　其他选项设置

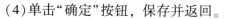

（4）单击"确定"按钮，保存并返回。

2. 录入期初余额

【任务资料】

总账系统期初余额如表 3-2 所示。

表 3-2 总账系统期初余额

科目	方向	金额
库存现金	借	56200
银行存款/招商银行	借	21879500
银行存款/锦州银行	借	48906538.67
应收票据	借	50000
应收账款	借	807950
预付账款	借	30000
其他应收款/职工个人往来	借	1500
坏账准备	贷	1000
库存商品	借	6540000
固定资产	借	16477500
累计折旧	贷	1069884
短期借款	贷	300000
应付票据	贷	25740
应付账款/一般应付账款	贷	440700
预收账款	贷	50000
应付职工薪酬/工资	贷	46352.87
应交税费/未交增值税	贷	369102.05
应交税费/应交企业所得税	贷	279344.05
应交税费/应交个人所得税	贷	113.28
应交税费/应交城建税	贷	12430.29
应交税费/应交教育费附加	贷	8712.13
长期借款	贷	80000000
实收资本	贷	10000000
盈余公积	贷	2145630
利润分配/未分配利润	贷	5289800
其他货币资金	贷	5289620

应收票据期初余额如表 3-3 所示。

表 3-3   应收票据期初余额

日期	客户	业务员	摘要	方向	金额	票号	票据日期
2020-12-30	辽宁万盛	何乐	往来期初引入	借	50000	14708245	2020-12-30

应收账款期初余额如表 3-4 所示。

表 3-4   应收账款期初余额

日期	客户	业务员	摘要	方向	金额	票号	票据日期
2020-12-29	上海名奢	王鑫	往来期初引入	借	807950	22233541	2020-12-29

预付账款期初余额如表 3-5 所示。

表 3-5   预付账款期初余额

日期	供应商名称	业务员	摘要	方向	金额	票号	日期
2020-12-29	美颂集团	黄松	期初余额	借	30000	41560937	2020-12-29

其他应收款/其他个人往来期初余额如表 3-6 所示。

表 3-6   其他应收款/其他个人往来期初余额

日期	部门	个人	摘要	方向	金额
2020-12-15	采购中心	黄松	往来期初引入	借	1500

应付票据期初余额如表 3-7 所示。

表 3-7   应付票据期初余额

日期	供应商	业务员	摘要	方向	金额	票号	票据日期
2020-10-30	奥博集团	黄松	期初余额	贷	25740	8000121	2020-10-30

应付账款/一般应付账款期初余额如表 3-8 所示。

表 3-8   应付账款/一般应付账款期初余额

日期	供应商	业务员	摘要	方向	金额	票号	票据日期
2020-12-31	海峰集团	黄松	期初余额	贷	440700	35014098	2020-12-31

预收账款期初余额如表 3-9 所示。

表 3-9   预收账款期初余额

日期	客户	业务员	摘要	方向	金额	票号	票据日期
2020-12-26	北京新兴	何乐	期初余额	贷	50000	11502902	2020-12-26

【操作过程】

张宇登录业财一体信息化平台，执行"业务工作→财务会计→总账→设置→期初余额"命令，打开"期初余额录入"界面。

期初余额的录入分为三种情况：一是"期初余额"栏为白、蓝色的；二是"期初余额"栏为灰色的；三是"期初余额"栏为黄色的。下面分三种情况介绍期初余额的录入方法：

（1）"期初余额"栏是白、蓝色的，将光标移到"期初余额"栏直接录入期初余额。如录入"1001 库存现金"科目的期初余额，只需将光标移到该科目的"期初余额"栏，直接录入金额"5500"。

（2）"期初余额"栏是灰色的，表示期初余额是总科目的期初余额，无须录入，只需将下级科目的期初余额全部录入完成，该栏目的期初余额由系统自动汇总。

（3）"期初余额"栏是黄色的，表示有辅助核算项目的期初余额，如"1121 应收票据"科目的期初余额必须按辅助项录入期初余额，用鼠标双击"1121 应收票据"科目的黄色"期初余额"栏，弹出如图 3-4 所示的"辅助期初余额"界面。

图 3-4 辅助期初余额

单击"往来明细"按钮，弹出如图 3-5 所示的"期初往来明细"界面。

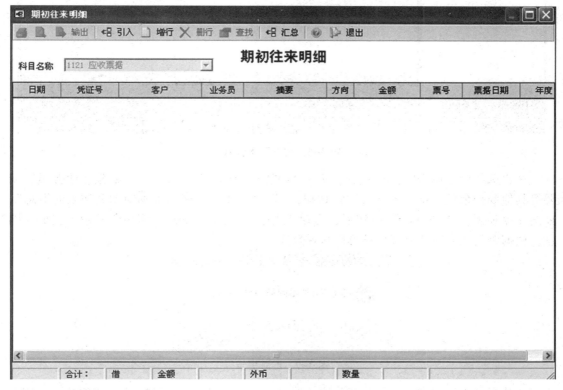

图 3-5 期初往来明细

单击"增行"按钮，录入日期"2020-12-29"或参照选择日期，单击"客户"栏旁边的"参照"按钮或者按 F2 功能键，系统弹出如图 3-6 所示的"客户基本参照"界面，选择"辽宁万盛"。

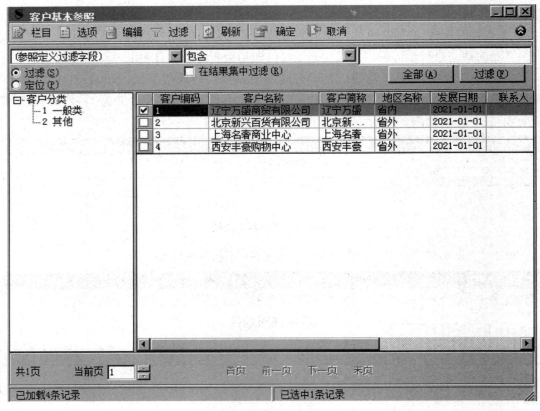

图 3-6　客户基本参照

客户选中后，单击"确定"按钮，返回"期初往来明细"界面，录入金额、业务员、摘要等其他期初余额信息。单击"汇总"按钮，提示"完成了往来明细到辅助期初表的汇总"，如图 3-7 所示。单击"确定"按钮后，再单击"退出"按钮，该辅助期初余额录入完成。同理，根据资料录入其他有辅助核算的科目余额。

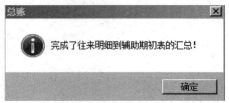

图 3-7　汇总提示

在数据录入过程中，如果发现某项数据录入错误，可按 Esc 键取消当前项录入，将光标移到需要修改的编辑项上，直接录入正确的数据即可。如果想放弃整行数据，在取消当前录入后，再按 Esc 键即可。数据录入完成之后，如果需要修改某个数据，将光标移到要修改的数据上，直接录入正确数据即可。如果想放弃修改，按 Esc 键即可。

要删除期初明细时，将光标移到要删除的期初明细上，用鼠标单击"删行"按钮，经确认后即可删除。如果要删除多条期初明细，将鼠标拖动选中多条期初明细数据，单击"删行"按钮即可。

任务 1.2　试算平衡

当所有期初数据录入完成后，需验证数据录入是否正确，总账与明细账是否一致。在"期初余额录入"界面，单击"对账"按钮，系统自动检查总账、明细账、辅助账的期初余额是否一致，检查完成后，系统弹出如图 3-8 所示的"期初对账"界面。

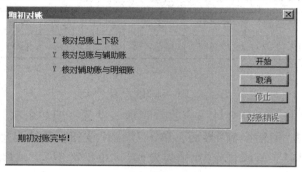

图 3-8　期初对账

如果检查项目前都显示"Y"，则表示对账结果正确；否则，单击"对账错误"按钮，可查看具体错误内容，然后修改录入错误的期初余额，修改方法与期初余额的录入方法相同。对账完成且全部对账成功后，在"期初余额录入"界面，单击"试算"按钮，可查看如图 3-9 所示的期初试算平衡表，检查余额是否平衡。

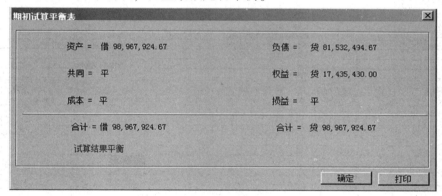

图 3-9　期初试算平衡表

任务 2　应收应付期初数据录入

🎯 学习目标

> 通过训练，学生能够在业财一体信息化平台上完成应收、应付及存货的期初数据录入，并完成期初记账工作，学生具有独立完成期初数据录入的能力，达到胜任基于业财一体信息化平台信息维护管理岗位的工作职责目标。

任务 2.1　应收期初数据录入

【任务资料 1】

录入应收账款期初余额，业务员是王鑫，如表 3-10 所示。

表 3-10　应收账款期初余额

单据类型	开票日期	发票号	客户	科目	存货	数量	无税单价	金额
销售专用发票	2020-12-29	22233541	上海名奢	1122	112	1100	650	807950

【操作过程】

（1）2021 年 1 月 1 日，张宇登录业财一体信息化平台。

（2）执行"业务工作→财务会计→应收款管理→设置→期初余额"命令，打开"期初余额—设置"界面，单击"期初余额"界面，单击"增加"按钮，系统自动弹出"单据类别"界面。在"单据类别"界面，单据名称为"销售发票"，单据类型为"销售专用发票"，方向为正向。

（3）单击工具栏的"增加"按钮，根据任务资料，录入表头的"开票日期""发票号""客户名称""业务员"等信息，录入表体"货物编号""数量""无税单价"等信息，录入完毕后单击"保存"按钮，结果如图 3-10 所示。

图 3-10　销售专用发票

【任务资料 2】

录入应收票据的期初余额，承兑银行是招商银行，业务员是何乐，如表 3-11 所示。

表 3-11　应收票据期初余额

单据类型	票据编号	开票单位	票据面值	科目	签发日期	收到日期	到期日
银行承兑汇票	14708245	辽宁万盛	50000	1121	2020-12-30	2020-12-30	2021-01-30

【操作过程】

(1)2021 年 1 月 1 日，张宇登录业财一体信息化平台。

(2)执行"业务工作→财务会计→应收款管理→设置→期初余额"命令，打开"期初余额—设置"界面，单击"期初余额"界面，单击"增加"按钮，在"单据类别"界面，单据名称为"应收票据"，单据类型为"银行承兑汇票"，方向为正向。

(3)单击工具栏的"增加"按钮，根据任务资料录入相关信息，结果如图 3-11 所示。

打印模版
期初应收票据打印模版 ▼

期初票据

币种 人民币

票据编号 14708245	开票单位 辽宁万盛
承兑银行 招商银行	背书单位
票据面值 50000.00	票据余额 50000.00
面值利率 0.00000000	科目 1121
签发日期 2020-12-30	收到日期 2020-12-30
到期日 2021-01-30	部门 销售中心
业务员 何乐	项目
摘要	

图 3-11 期初票据

【任务资料 3】

录入预收账款期初余额，业务员是何乐，如表 3-12 所示。

表 3-12 预收账款期初余额

单据名称	单据类型	日期	票据号	客户	科目	结算方式	方向	金额	结算科目
预收单	收款单	2020-12-26	11502902	北京新兴	2203	转账支票	正	50000	100201

【操作过程】

同应收账款期初余额，此处省略，结果如图 3-12 所示。

简易桌面 期初余额 **期初单据录入** ✕

收款单

表体排序 ▼

单据编号 0000000001	日期 2020-12-26 客户 北京新兴
结算方式 转账支票	结算科目 100201 币种 人民币
汇率 1	金额 50000.00 本币金额 50000.00
客户银行 中国银行北京昌平支行	客户账号 6216532897000891698 票据号 11502902
部门 销售中心	业务员 何乐 项目
摘要	应收款余额 -50000.00

	款项类型	客户	部门	业务员	金额	本币金额	科目	项目	本币余额	余额
1	预收款	北京新兴	销售中心	何乐	50000.00	50000.00	2203		50000.00	50000.00
2										
3										
4										

图 3-12 预收账款期初余额

【任务资料 4】

应收系统与总账系统进行对账。

【操作过程】

在期初余额界面，单击工具栏的"刷新"按钮，再单击"对账"，结果如图 3-13 所示。

科目		应收期初		总账期初		差额	
编号	名称	原币	本币	原币	本币	原币	本币
1121	应收票据	50,000.00	50,000.00	50,000.00	50,000.00	0.00	0.00
1122	应收账款	807,950.00	807,950.00	807,950.00	807,950.00	0.00	0.00
2203	预收账款	-50,000.00	-50,000.00	-50,000.00	-50,000.00	0.00	0.00
	合计		807,950.00		807,950.00		0.00

图 3-13　应收系统期初对账

任务 2.2　应付期初数据录入

【任务资料 1】

录入应付账款期初余额并与总账系统对账，业务员是黄松，如表 3-13 所示。

表 3-13　应付账款期初余额

单据类型	发票号	开票日期	供应商	科目	存货编码	数量	原币单价	金额
采购专用发票	35014098	2020-12-31	海峰集团	220201	111	100	3900	440700.00

录入应付票据期初余额，业务员是黄松，承兑银行是招商银行，如表 3-14 所示。

表 3-14　应付票据期初余额

单据名称	单据类型	票据编号	收票单位	科目	票据面值	签发日期	到期日
应付票据	银行承兑汇票	36259123	奥博集团	2201	25740.00	2020-10-30	2021-01-30

录入预付账款期初余额，业务员是黄松，如表 3-15 所示。

表 3-15　预付账款期初余额

单据名称	单据类型	日期	供应商名称	结算方式	结算科目	金额	票据号	业务员	科目
预付款	付款单	2020-12-29	美颂集团	转账支票	100201	30000.00	10657919	黄松	1123

【操作过程】

（1）2021 年 1 月 1 日，财务中心白译浩（04）登录业财一体信息化平台。

（2）执行"业务工作→财务会计→应付款管理→设置→期初余额"命令，打开"期初余额—查询"对话框。单击"确定"按钮，打开"期初余额"界面。

（3）单击工具栏的"增加"按钮，弹出"单据类别"对话框，如图 3-14 所示。单击"确定"按钮，打开"采购专用发票"界面，如图 3-15 所示。

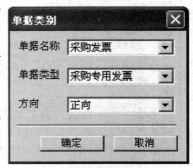

图 3-14　单据类别

采购专用发票

打印模版 期初专用发票打印模

表体排序

发票号 35014098　　开票日期 2020-12-31　　订单号

供应商 海峰集团　　付款条件　　科目 220201

币种 人民币　　汇率 1　　部门 采购中心

业务员 黄松　　项目　　备注

税率 13.00

	存货编码	存货名称	规格型号	主计量	税率(%)	数量	原币单价	原币金额	原币税额	原币价税合计	累计付款	累计付款(本币)	科目
1	111	智享系列BCD--112		台	13.000000	100.00	3900.000	390000.00	50700.00	440700.00	0.00	0.00	220201
2													
3													
4													
5													
6													
7													
8													
9													
10													
11													
12													
13													
14													
15													
16													
17													
18													
19													
20													
21													
合计						100.00		390000.00	50700.00	440700.00	0.00	0.00	

图 3-15　采购专用发票

(4)按上述方法录入其他应付票据。

【任务资料 2】

应付系统与总账系统进行对账。

【操作过程】

在期初余额界面，单击工具栏的“刷新”按钮，再单击“对账”，结果如图 3-16 所示。

简易桌面　期初余额　期初对账 ×

科目		应付期初		总账期初		差额	
编号	名称	原币	本币	原币	本币	原币	本币
1123	预付账款	-30,000.00	-30,000.00	-30,000.00	-30,000.00	0.00	0.00
2201	应付票据	25,740.00	25,740.00	25,740.00	25,740.00	0.00	0.00
220201	一般应付款	440,700.00	440,700.00	440,700.00	440,700.00	0.00	0.00
	合计		436,440.00		436,440.00		0.00

图 3-16　应付系统期初对账

讨论与思考

1. 如何设置总账系统权限？权限设置的要求有何意义与作用？
2. 总账系统期初余额的录入分为几种类型？每种类型的操作要点是什么？
3. 如何进行试算平衡？进行试算平衡的作用是什么？
4. 如何录入应收和应付期初数据？二者有何相同点和不同点？

项目四　总账日常业务处理

章节概述

　　本项目主要进行账套总账系统的记账凭证填制、凭证出纳签字、凭证审核、记账凭证的修改和删除、凭证记账，培养学生在总账模块记账的工作能力。

学习目标

　　通过实训，学生能够在业财一体信息化平台上完成记账凭证的填制、审核、修改等凭证处理，并在总账模块中熟练准确地完成凭证记账工作，培养学生具有独立完成总账日常业务处理及职业判断能力，达到胜任基于业财一体信息化平台企业会计核算岗位工作职责目标。

任务 1　记账凭证填制

【任务资料】

（1）1月1日，采购中心采购专员黄松以现金200元购买办公用品。

（2）1月2日，收到采购中心黄松以现金方式归还个人借款1500元。

（3）1月15日，采购中心采购专员黄松预借旅费5000元，以转账支票支付（招商银行），票号22923468。

【操作过程】

（1）2021年1月1日，汪伦（02）登录业财一体信息化平台，在"业务工作"选项卡中，执行"总账→凭证→填制凭证"命令，打开"填制凭证"界面。

（2）单击"增加"按钮或按F5键，增加一张新凭证。

（3）录入凭证类别，或按F2功能键参照选择一个凭证类别，确定后按Enter键，凭证编号系统自动生成，也可以手工编号，视总账选项中凭证编号的确定情况而定。

（4）填制日期时，系统默认当前操作日期为记账凭证的制单日期，日期可以手工修改，或单击该栏右侧的日历图标参照录入。

（5）录入附单据数，按照原始凭证的数量据实填写。

（6）录入本业务的分录时，在"摘要"栏中录入"购买办公用品"，按 Enter 键，或者用鼠标单击"科目名称"栏，单击"科目名称"栏的"参照"按钮（或者按 F2 功能键），选择"损益"类科目"660203 管理费用—办公费"科目，或者直接在"科目名称"栏中录入"660203"。出现"辅助项"界面后，在"部门"参照中选择"管理中心"，如图 4-1 所示。单击"确定"按钮，在"借方金额"栏中录入借方金额"200"。

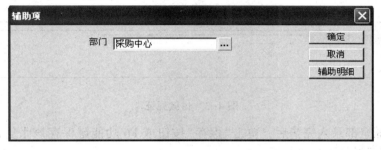

图 4-1　辅助项

（7）按 Enter 键（复制上一行的摘要），再按 Enter 键，或单击"科目名称"栏（第二行），单击"科目名称"栏的"参照"按钮（或者按 F2 功能键），选择"资产"类科目"1001 库存现金"，或者直接在"科目名称"栏中录入"1001"。按 Enter 键，或者单击"贷方金额"栏，录入贷方金额，如图 4-2 所示，双击"项目编码"，在项目参照中选择"0102 现金流出—07 支付的与其他经营活动有关的现金"，单击"确定"按钮。

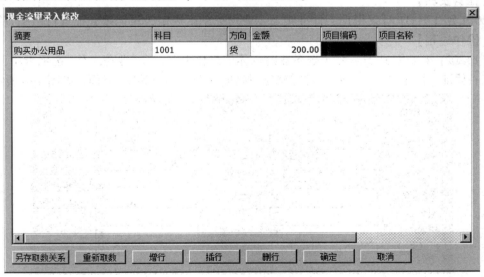

图 4-2　现金流量录入修改

（8）当前会计科目被指定为现金流量科目，在凭证界面单击右下角的流量图标（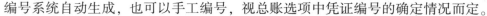），凭证界面会变成如图 4-3 所示的"记账凭证"界面。

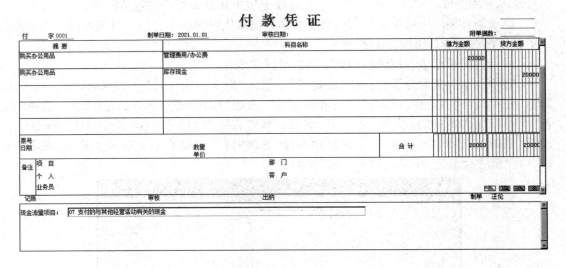

图 4-3　付款凭证

（9）当凭证全部录入完毕后，单击"保存"按钮或 F6 功能键保存该张凭证，也可单击"增加"按钮继续添加下一张凭证。

（10）其他业务录入方法同上。

任务 2　记账凭证出纳签字

【任务资料】

2021 年 1 月 31 日，根据会计准则及企业财务制度规定，对记账凭证进行出纳签字。

【操作过程】

（1）2021 年 1 月 31 日，张宇登录业财一体信息化平台，在"业务工作"选项卡中，执行"总账→凭证→出纳签字"命令，单击"确定"按钮，打开"出纳签字"界面，如图 4-4 所示。

图 4-4　出纳签字

（2）单击"确定"按钮，打开"出纳签字列表"界面，打开待签字的收付款凭证。执行"签字"或者"批处理—成批出纳签字"命令，如图 4-5 所示，再单击"确定"按钮，提示

"是否重新刷新凭证列表数据"，单击"是"按钮，完成出纳签字，结果如图4-6所示。

图 4-5 出纳签字凭证

图 4-6 凭证

任务 3 记账凭证审核

【任务资料】

2021 年 1 月 31 日，根据会计准则及企业财务制度规定，在业财一体信息化平台总账模块中对记账凭证进行审核，审核日期、摘要、会计分录的准确性及填制项目、有关人员签章的完整性等。

【操作过程】

(1) 张宇 2021 年 1 月 1 日登录业财一体信息化平台，执行"系统服务→权限→数据权限分配"命令，单击"李翔"，单击功能区"授权"按钮，对李翔进行授权，单击"保存"按钮，如图 4-7 所示。

(2) 李翔 (03) 登录业财一体信息化平台，执行"业务工作→财务会计→总账→凭证→审核凭证"命令，打开如图 4-8 所示的"凭证审核"界面。

(3) 单击审核凭证的范围过滤条件后，单击"确定"按钮，系统弹出"凭证审核列表"界面。双击要审核的凭证，单击"签字"或者"批处理—成批审核凭证"选项，系统提示"是否刷新列表数据"，单击"是"按钮。

注意：审核人必须具有审核该凭证的审核权，且审核人和制单人不能为同一人。凭证审核后无法修改、删除，需取消审核和出纳签字后才可进行修改和删除。

图 4-7　记录权限设置

图 4-8　凭证审核

任务 4　记账凭证的修改和删除

日常工作中经常会遇到录入的凭证出现错误的情况，所以修改凭证是非常普遍的现象。在业财一体信息化平台中，修改凭证分为三种情况：一是未签字审核的凭证修改；二是已经签字审核的凭证修改；三是已记账的凭证修改。修改凭证由该凭证制单人进行操作。

【任务资料】

学习未签字审核的记账凭证、已签字审核的记账凭证以及凭证作废删除。

【操作过程】

1. 未签字审核的记账凭证

（1）执行"业务工作→财务会计→总账→凭证→填制凭证"命令，打开"填制凭证"界面。通过"导航"按钮（ |◀ ◀ ▶ ▶| ）可以翻页查找凭证，也可以单击"查询"按钮录入条件查找。

（2）找到要修改凭证的错误信息栏，直接修改错误信息。

2. 已签字审核的记账凭证

(1)执行"业务工作→财务会计→总账→凭证→出纳签字"命令,打开"出纳签字"界面。单击"确定"按钮,进入"出纳签字列表"界面,找到要修改的凭证,双击要取消签字的凭证,单击"取消"按钮,即可取消出纳签字。

(2)执行"业务工作→财务会计→总账→凭证→审核凭证"命令,打开"审核凭证"界面。单击"确定"按钮,打开"凭证审核签字列表"界面,找到要修改的凭证,双击要取消审核的凭证,单击"取消"按钮,即可取消审核。

3. 凭证作废删除

(1)执行"业务工作→财务会计→总账→凭证→填制凭证"命令,打开"填制凭证"界面。通过"导航"按钮找到要作废的记账凭证,也可单击"查询"按钮录入条件查找。

(2)单击"✕作废/恢复"按钮,在凭证左上角出现如图 4-9 所示的"作废"字样。

转 账 凭 证

作废			
转 字 0045 － 0001/0004　制单日期: 2021.01.31　审核日期:　　　　　　　附单据数: 0			
摘要	科目名称	借方金额	贷方金额
期间损益结转	本年利润	100723620	
期间损益结转	主营业务成本		75000000
期间损益结转	销售费用/折旧费		1418484
期间损益结转	销售费用/职工薪酬		2000028
期间损益结转	管理费用/折旧费		1908083
票号日期	数量单价	合计 100723620	100723620
备注　项目个人业务员	部门客户		

图 4-9　凭证作废

(3)单击"📝整理凭证"按钮,弹出如图 4-10 所示的"凭证期间选择"界面,凭证期间选择"2021.01",单击"确定"按钮,弹出如图 4-11 所示的"作废凭证表"界面,单击"全选"按钮,再单击"确定"按钮,系统提示"是否需重新整理凭证断号",选择"是",凭证彻底删除。

图 4-10　凭证期间选择

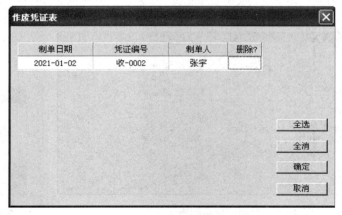

图 4-11　作废凭证表

任务 5　凭证记账

【任务资料】

2021 年 1 月 31 日，将审核无误的凭证进行记账处理。

【操作过程】

（1）2021 年 1 月 31 日，张宇登录业财一体信息化平台，执行"业务工作→财务会计→总账→凭证→记账"命令，打开如图 4-12 所示的"记账"界面，只有审核通过的凭证才能记账。

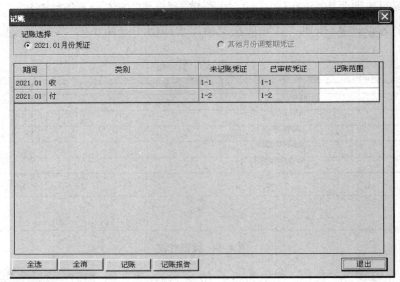

图 4-12　记账

（2）打开"记账—选择本次记账范围"对话框，选择"2021.01 月份凭证"，"记账范围"为"全选"。单击"记账"按钮，打开"期初试算平衡表"界面，如图 4-13 所示。单击"确定"按钮，系统自动进行记账。记账完成后，系统弹出"记账完毕"信息提示框，如图 4-14 所示，单击"确定"按钮，再单击"退出"，完成记账。

图 4-13　期初试算平衡表

图 4-14　记账完毕

任务 6 出纳业务处理

任务6.1 账表管理

【任务资料1】

在业财一体信息化平台中，查看银行存款日记账、现金日记账并导出 Excel 文件。

【操作过程】

（1）汪伦登录业财一体信息化平台，执行"业务工作→财务会计→总账→出纳→银行存款日记账"命令，打开"银行存款日记账"界面。

（2）筛选查询范围后，选定包含未记账凭证和包含出纳未签字凭证，单击"确定"按钮，弹出"银行存款日记账"界面。

（3）在"银行存款日记账"界面，单击"凭证"按钮可查看相应的凭证，单击"总账"按钮可查看银行存款科目的三栏式总账。单击"输出"按钮，在弹出的"另存为"界面中录入文件名为"银行存款日记账"，保存类型选择为"Excel 2007-2010"，单击"保存"按钮或按 F6 功能键，弹出"请输入表/工作单名"界面。

（4）录入表名为"1月份"后，单击"确认"按钮，弹出"输出文件顺利完成"的提示。

（5）打开输出的 Excel 文件，可查看银行存款日记账。

（6）现金日记账的操作与银行存款日记账的操作方法相同，不再赘述。

【任务资料2】

在业财一体信息化平台中，查询资金日报表并导出 Excel 文件。

【操作过程】

（1）汪伦登录业财一体信息化平台，执行"业务工作→财务会计→总账→出纳→资金日报"命令，打开"资金日报表"界面。

（2）筛选查询范围后，勾选"包含未记账凭证和有余额无发生也显示"项，单击"确定"按钮，弹出"资金日报"界面。

（3）在"资金日报"界面，单击"昨日"按钮可查看前一天的资金日报表。单击"输出"按钮，在弹出的"另存为"界面中录入文件名为"资金日报表"，保存类型选择"Excel 2007-2010"，单击"保存"按钮或按 F6 功能键，弹出"请输入表/工作单名"界面。

（4）录入表名为"1月份"后，单击"确认"按钮，弹出"输出文件顺利完成"的提示。

（5）打开输出的 Excel 文件，可查看资金日报表。

任务6.2 支票管理

【任务资料】

2021 年 1 月 8 日，销售中心招待客户，借出限额 1000 元的票号为 11800221 转账支票一张，根据企业财务制度及出纳管理规定，在业财一体信息化平台支票登记簿中，增加支票、签发支票。

【操作过程】

2021 年 1 月 8 日，汪伦登录业财一体化信息平台，执行"业务工作→财务会计→总账→出纳→支票登记簿"命令，打开"银行科目选择"界面，选定"100201"，单击"确定"按钮，弹出"支票登记簿"界面，单击"增行"按钮，可对借出支票进行登记，记录借出支票的详细信息，领用部门为销售中心，录入领用人、支票号、预计金额，用途为招待费。

讨论与思考

1. 如何进行记账凭证的填制？凭证的编号是如何确定的？
2. 为什么凭证的审核人和制单人不能是同一人？
3. 凭证的修改分为几种情况？不同情况下的修改应如何操作？
4. 如何进行凭证记账？凭证记账需满足什么条件？

项目五 应付款业务处理

章节概述

　　本项目主要进行账套应付系统设置、典型业务处理、票据管理业务处理、转账处理，培养学生在业财一体信息化平台上熟练操作应付系统的能力。

学习目标

　　通过训练，学生能够在业财一体信息化平台上完成采购发票审核，并生成应付类凭证，编制付款单并生成付款凭证，培养学生具有独立完成典型应付业务处理的能力，达到胜任基于业财一体信息化平台企业会计核算岗位的工作职责目标。

任务1　系统设置

任务1.1　系统参数设置

【任务资料】

应付管理系统参数如表5-1所示。

表5-1　应付管理系统参数

选项卡	设置要求
常规	自动计算现金折扣
凭证	受控科目制单方式：明细到单据
权限与预警	取消"控制操作员权限"；按信用方式根据单据提前7天自动报警

【操作过程】

（1）2021 年 1 月 1 日，财务中心白译浩登录业财一体信息化平台。

（2）执行"业务工作→财务会计→应付款管理→设置→选项"命令，打开"数据权限控制设置"界面。单击"编辑"按钮，系统提示"选项修改需要重新登录才能生效"，单击"确定"按钮，进行系统参数设置。

（3）在"常规"选项卡中，勾选"自动计算现金折扣"项，结果如图 5-1 所示。

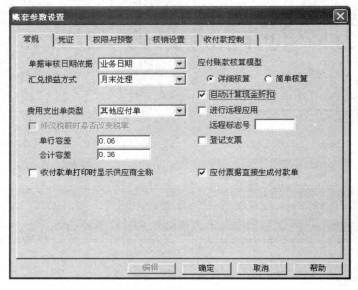

图 5-1　账套参数设置 1

（4）单击"凭证"选项卡，在"受控科目制单方式"栏中勾选"明细到单据"项，结果如图 5-2 所示。

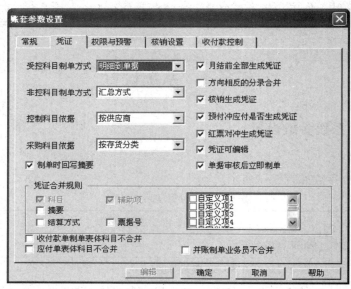

图 5-2　账套参数设置 2

(5) 单击"权限与预警"选项卡，取消勾选"控制操作员权限"项，在"提前天数"栏中录入"7"，结果如图5-3所示。

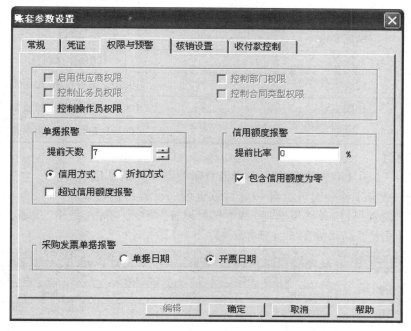

图 5-3 账套参数设置 3

任务 1.2 常用科目设置

【任务资料】

(1) 设置基本科目，科目币种全部为人民币，常用科目设置如表5-2所示。

表 5-2 常用科目设置

常用科目类别	科目编码	科目名称
应付科目类	220201	应付账款/一般应付账款
预付科目类	1123	预付账款
商业承兑科目类	2201	应付票据
银行承兑科目类	2201	应付票据
票据利息科目类	660302	财务费用/利息支出
票据费用科目类	660302	财务费用/利息支出
收支费用科目类	660205	管理费用/办公费
采购科目类	1405	库存商品
税金科目类	22210101	应交税费/应交增值税/进项税额
现金折扣类	660301	财务费用/现金折扣

（2）设置结算方式科目，本单位结算账号为 666235891478，本单位结算币种为人民币，如表 5-3 所示。

表 5-3　结算方式科目设置

结算方式	科目
现金	1001/库存现金
现金支票	100201/银行存款/招商银行
转账支票	100201/银行存款/招商银行
其他	100201/银行存款/招商银行

【操作过程】

（1）2021 年 1 月 1 日，财务中心白译浩登录业财一体信息化平台。

（2）执行"业务工作→财务会计→应付款管理→设置→初始设置"命令，打开"初始设置"界面。在"设置科目"菜单下选择"基本科目设置"命令，单击"编辑"按钮，按照表 5-2 内容进行科目设置，结果如图 5-4 所示。

图 5-4　基本科目设置

（3）在"设置科目"菜单下单击"结算方式科目设置"命令，单击"增加"按钮，按照表 5-3 内容进行结算方式设置，结果如图 5-5 所示。

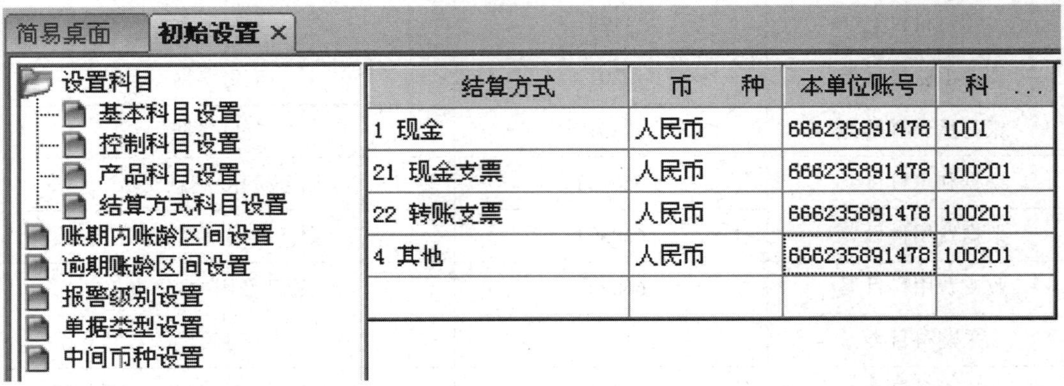

图 5-5　结算方式

任务 1.3　设置逾期账龄区间

【任务资料】逾期账龄区间如表 5-4 所示。

表 5-4　逾期账龄区间

序号	起止天数	总天数
01	1~30	30
02	31~60	60
03	61~90	90
04	91~120	120
05	121 以上	

【操作过程】

(1) 2021 年 1 月 1 日，财务中心白译浩登录业财一体信息化平台。

(2) 执行"业务工作→财务会计→应付款管理→设置→初始设置"命令，打开"初始设置"界面。单击"逾期账龄区间设置"命令，根据表 5-4 的内容，依次设置账款结算的总天数，结果如图 5-6 所示。

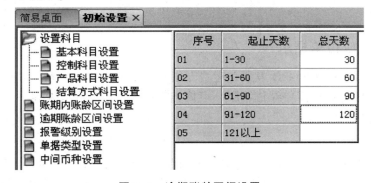

图 5-6　逾期账龄区间设置

任务 1.4　设置报警级别

【任务资料】

报警级别如表 5-5 所示。

表 5-5　报警级别

序号	起止比率/%	总比率/%	预警级别
01	0~10	10	一
02	10~20	20	二
03	20~30	30	三
04	30~40	40	四
05	40~50	50	五
06	50 以上		六

【操作过程】

(1)2021年1月1日,财务中心白译浩登录业财一体信息化平台。

(2)执行"业务工作→财务会计→应付款管理→设置→初始设置"命令,打开"初始设置"界面。单击"报警级别设置"命令,根据表5-5的内容依次设置,结果如图5-7所示。

序号	起止比率	总比率(%)	级别名称
01	0-10%	10	一
02	10%-20%	20	二
03	20%-30%	30	三
04	30%-40%	40	四
05	40%-50%	50	五
06	50%以上		六

图5-7 报警级别设置

任务2 典型业务处理

任务2.1 应付单据录入

应付单据主要包括采购专用发票、运费专用发票、采购普通发票、其他应付单、负向应付单等类型。应付单据需要经过填制、审核、制单三个主要环节处理。

1. 采购专用发票录入

【任务资料】

业务1:2021年1月15日,采购中心采购专员黄松从海峰集团购买智享系列冰箱150台,型号BCD—112,原币单价为3900元,增值税税率为13%,取得增值税专用发票,发票号为58097334。

业务2:2021年1月15日,采购中心采购专员黄松从美颂集团购买洗衣机100台,型号为XQB45-33,原币单价为2100元,增值税税率为13%,取得增值税专用发票,发票号为35674235。

业务3:2021年1月16日,采购中心采购专员黄松从奥博集团购买冷静星系列空调200台,原币单价为4500元,增值税税率13%,取得增值税专用发票,发票号为52014296。

【操作过程】

(1)2021年1月15日,财务中心白译浩登录业财一体信息化平台。

(2)执行"业务工作→财务会计→应付款管理→应付单据处理→应付单据录入"命令,打开"单据类别"对话框。单击"确定"按钮,打开"采购发票"界面。

(3)单击工具栏的"增加"按钮,根据任务资料,在表头区域录入"发票号""供应商""税率"和"业务员"等信息。在表体区域录入"原币单价""存货编码"和"数量"等信息。录入完毕,单击"保存"按钮,结果如图5-8所示。

图 5-8　采购专用发票 1

（4）其余发票按照上述过程进行相同操作，结果如图 5-9 和图 5-10 所示。注意业务 3 发生时间为 1 月 16 日，登录平台需要将时间调整为相同日期，避免错误。

图 5-9　采购专用发票 2

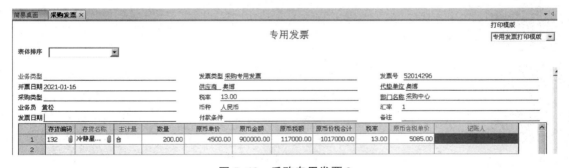

图 5-10　采购专用发票 3

2. 采购普通发票录入

【任务资料】

2021 年 1 月 22 日，采购中心采购专员黄松从美颂集团购买洗衣机 3 台，型号为 XPB-4S，原币金额为 3900 元，增值税税率为 13%，取得增值税普通发票，发票号为 80954603。

【操作过程】

（1）2021 年 1 月 22 日，财务中心白译浩登录业财一体信息化平台。

（2）执行"业务工作→财务会计→应付款管理→应付单据处理→应付单据录入"命令，

打开"单据类别"对话框，将"单据类型"修改为"采购普通发票"，如图 5-11 所示，单击"确定"按钮，打开"采购发票"界面。

图 5-11 单据类别

（3）单击工具栏的"增加"按钮，根据业务信息，在表头区域录入"发票号""供应商""税率"和"业务员"等信息。在表体区域录入时，先录入存货编码，再将存货的"税率"改为"0"，"数量"信息据实录入，"原币金额"为加税合计金额。录入完毕，单击"保存"按钮，结果如图 5-12 所示。

普通发票

	存货编码	存货名称	规格型号	主计量	数量	原币金额	原币税额	税率	订单号
1	122	XPB-4S		台	3.00	3900.00	0.00	0.00	
合计					3.00	3900.00	0.00		

业务类型　发票类型 普通发票　发票号 80954603
开票日期 2021-01-22　供应商 美颂　代垫单位 美颂
采购类型　税率 0.00　部门名称 采购中心
业务员 黄松　币种 人民币　汇率 1
发票日期　付款条件　备注

图 5-12 采购普通发票

任务 2.2　应付单据审核

【任务资料】

2021 年 1 月 23 日，将本月应付单据全部进行审核。

【操作过程】

（1）2021 年 1 月 23 日，财务中心白译浩登录业财一体信息化平台。

（2）执行"业务工作→财务会计→应付款管理→应付单据处理→应付单据审核"命令，打开如图 5-13 所示的"应付单查询条件"界面，单击"确定"按钮，打开"单据处理"界面，显示应付单据列表，如图 5-14 所示。

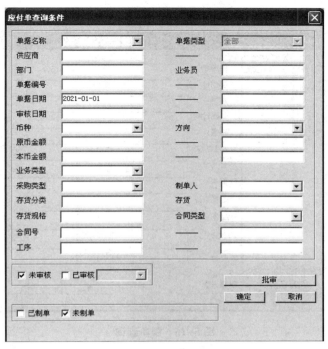

图 5-13　应付单查询条件

应付单据列表

选择	审核人	单据日期	单据类型	单据号	供应商名称	部门	业务员	制单人	币种	汇率	原币金额	本币金额	备注
		2021-01-15	采购专…	35674235	美颂集团	采购中心	黄松	白译浩	人民币	1.00000000	237,300.00	237,300.00	
		2021-01-15	采购专…	58097334	海峰集团	采购中心	黄松	白译浩	人民币	1.00000000	661,050.00	661,050.00	
		2021-01-16	采购专…	52014296	奥博集团	采购中心	黄松	白译浩	人民币	1.00000000	1,017,000.00	1,017,000.00	
		2021-01-22	采购普…	80954603	美颂集团	采购中心	黄松	白译浩	人民币	1.00000000	3,900.00	3,900.00	
合计											1,919,250.00	1,919,250.00	

记录总数：4

图 5-14　应付单据列表

（3）单击工具栏的"全选"按钮，此时每张单据最左侧"选择"栏显示"Y"字样，表示该单据被选中。单击工具栏"审核"按钮，单击"确定"按钮，完成审核工作，结果如图 5-15 所示。

应付单据列表

选择	审核人	单据日期	单据类型	单据号	供应商名称	部门	业务员	制单人	币种	汇率	原币金额	本币金额	备注
	白译浩	2021-01-15	采购专…	35674235	美颂集团	采购中心	黄松	白译浩	人民币	1.00000000	237,300.00	237,300.00	
	白译浩	2021-01-15	采购专…	58097334	海峰集团	采购中心	黄松	白译浩	人民币	1.00000000	661,050.00	661,050.00	
	白译浩	2021-01-16	采购专…	52014296	奥博集团	采购中心	黄松	白译浩	人民币	1.00000000	1,017,000.00	1,017,000.00	
	白译浩	2021-01-22	采购普…	80954603	美颂集团	采购中心	黄松	白译浩	人民币	1.00000000	3,900.00	3,900.00	
合计											1,919,250.00	1,919,250.00	

记录总数：4

图 5-15　应付单据审核列表

任务 2.3　应付单据制单

【任务资料】

2021 年 1 月 23 日，将本月已审核应付单据制单处理。

【操作过程】

（1）2021 年 1 月 23 日，财务中心白译浩登录业财一体信息化平台。

（2）执行"业务工作→财务会计→应付款管理→制单处理"命令，打开如图 5-16 所示的"制单查询"界面，系统默认已勾选"发票制单"项，再勾选"应付单制单"项。单击"确定"按钮，进入如图 5-17 所示的"制单"界面。

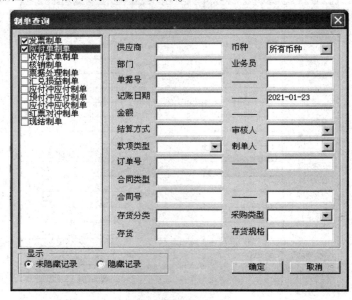

图 5-16 制单查询

应付制单

| 凭证类别 | 转账凭证 | | | | | | | | 制单日期 | 2021-01-23 |

选择标志	凭证类别	单据类型	单据号	日期	供应商编码	供应商名称	部门	业务员	金额
	转账凭证	采购专…	35674235	2021-01-23	4	美颂集团	采购中心	黄松	237,300.00
	转账凭证	采购专…	58097334	2021-01-23	1	海峰集团	采购中心	黄松	661,050.00
	转账凭证	采购专…	52014296	2021-01-23	3	奥博集团	采购中心	黄松	1,017,0…
	转账凭证	采购普…	80954603	2021-01-23	4	美颂集团	采购中心	黄松	3,900.00

图 5-17 制单 1

（3）在"凭证类别"栏，单击下拉箭头选择"转账凭证"。（也可在凭证中修改该类别）

（4）单击工具栏的"全选"按钮，选择要进行制单的单据，此时"选择标志"栏自动生成数字序号，如图 5-18 所示。

应付制单

| 凭证类别 | 转账凭证 | | | | | | | | 制单日期 | 2021-01-23 |

选择标志	凭证类别	单据类型	单据号	日期	供应商编码	供应商名称	部门	业务员	金额
1	转账凭证	采购专…	35674235	2021-01-23	4	美颂集团	采购中心	黄松	237,300.00
2	转账凭证	采购专…	58097334	2021-01-23	1	海峰集团	采购中心	黄松	661,050.00
3	转账凭证	采购专…	52014296	2021-01-23	3	奥博集团	采购中心	黄松	1,017,0…
4	转账凭证	采购普…	80954603	2021-01-23	4	美颂集团	采购中心	黄松	3,900.00

图 5-18 制单 2

（5）单击工具栏的"制单"按钮，打开"填制凭证"界面，单击"保存"按钮，保存当前记账凭证并将其传递到总账系统，如图5-19所示。单击"向右箭头"再单击"保存"按钮，将后续三张凭证逐一保存。或者，直接单击"批量保存凭证"按钮，一次性将全部凭证保存。

转 账 凭 证

已生成						
转 字 0001		制单日期：2021.01.23	审核日期：		附单据数：1	
摘 要		科目名称			借方金额	贷方金额
采购专用发票		库存商品			21000000	
采购专用发票		应交税费/应交增值税/进项税额			2730000	
采购专用发票		应付账款/一般应付款				23730000
票号 日期	数量 单价			合 计	23730000	23730000
备注	项 目 个 人 业务员	部 门 客 户				

图5-19 生成记账凭证

任务2.4 应付单据一体化处理

【任务资料】

2021年1月20日，采购中心采购专员黄松从下沙（中国）有限公司购买XPB-4S洗衣机10台，原币单价为1300元，增值税税率为13%，取得增值税专用发票，发票号为66938745，价税合计14690元。

2021年1月24日，采购中心采购专员黄松从奥博集团购买冷静星空调350台，原币单价为5200元，增值税税率为13%，取得增值税专用发票，发票号为2608976，价税合计2056600元。

【操作过程】

（1）2021年1月20日，财务中心白译浩登录业财一体信息化平台。

（2）执行"业务工作→财务会计→应付款管理→应付单据处理→应付单据录入"命令，打开"单据类别"对话框。单击"确定"按钮，打开"采购发票"界面。

（3）单击工具栏的"增加"按钮，根据业务信息填制采购专用发票，结果如图5-20所示。单击"保存"按钮，保存该发票。单击工具栏的"审核"按钮，系统提示"是否立即制单"，单击"是"按钮，进入"填制凭证"界面，单击"保存"按钮，保存该记账凭证，如图5-21所示。

专用发票

打印模版：专用发票打印模版

业务类型		发票类型 采购专用发票		发票号 66938745	
开票日期 2021-01-20		供应商 下沙		代垫单位 下沙	
采购类型		税率 13.00		部门名称 采购中心	
业务员 黄松		币种 人民币		汇率 1	
发票日期		付款条件		备注	

	存货编码	存货名称	规格型号	主计量	数量	原币单价	原币金额	原币税额	原币价税合计	税率	订单号
1	122	XPB-4S		台	10.00	1300.00	13000.00	1690.00	14690.00	13.00	
2											
3											
4											

图5-20 采购专用发票

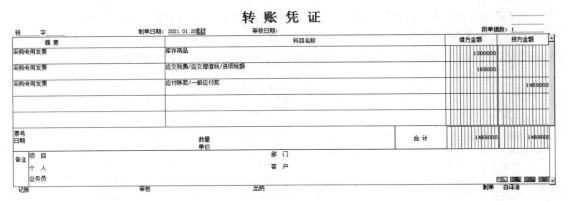

图5-21　采购专用发票

将日期改为 1 月 24 日，按照相同步骤完成奥博集团的业务，如图 5-22~图 5-24 所示。

图5-22　采购专用发票

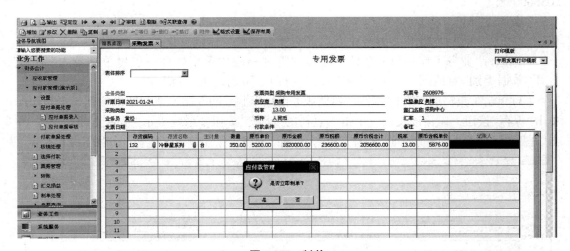

图5-23　制单

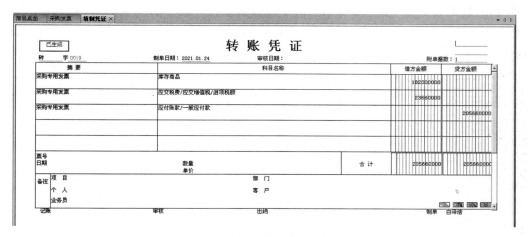

图 5-24 生成凭证

任务 2.5 付款单据录入

付款单据主要包括赊购付款单、预付款付款单、虚拟付款单以及收款单。付款单据需要经过填制、审核、核销以及制单四个主要环节处理。

1. 赊购付款单录入

【任务资料】

2021 年 1 月 23 日，采购中心采购专员黄松申请：

（1）以转账支票（票号 71992635）向海峰集团支付本月 15 日货款 661050 元。

（2）以转账支票（票号 65997214）向奥博集团支付本月 16 日的货款 2056600 元。

（3）以转账支票（票号 71992646）向美颂集团支付本月 20 日货款 237300 元。

【操作过程】

（1）2021 年 1 月 23 日，财务中心白译浩登录业财一体信息化平台。

（2）执行"业务工作→财务会计→应付款管理→付款单据处理→付款单据录入"命令，打开"收付款单录入"界面。

（3）单击工具栏的"增加"按钮，根据任务资料，表头录入"日期""供应商""结算方式""金额""票据号"和"业务员"等信息。录入完毕单击"保存"按钮，结果如图 5-25 所示。

图 5-25 付款单 1

（4）其他两张转账支票参照上述步骤完成填写，结果如图5-26和图5-27所示。

图5-26　付款单2

图5-27　付款单3

2. 预付款付款单录入

【任务资料】

2021年1月23日，采购中心采购专员黄松申请以转账支票（12022524）预付下沙（中国）有限公司5000元订货押金。

【操作过程】

（1）2021年1月23日，财务中心白译浩登录业财一体信息化平台。

（2）执行"业务工作→财务会计→应付款管理→付款单据处理→付款单据录入"命令，打开"收付款单录入"界面。

（3）单击工具栏的"增加"按钮，根据任务资料，表头录入"供应商""结算方式""金额""票据号"和"业务员"等信息。表头录入完毕将表体第1行的"款项类型"单元格选择为"预付款"，单击"保存"按钮，结果如图5-28所示。

图 5-28　预付款付款单

3. 虚拟付款单录入

【任务资料】

2021 年 1 月 23 日，采购中心采购专员黄松与供应商海峰集团协商达成一致，对 15 日所欠货款减免 1050 元。

【操作过程】

(1)2021 年 1 月 23 日，财务中心白译浩登录业财一体信息化平台。

(2)执行"业务工作→财务会计→应付款管理→付款单据处理→付款单据录入"命令，打开"收付款单录入"界面。

(3)单击工具栏的"增加"按钮，根据任务资料，表头"供应商"选择"海峰"，结算方式选择"其他"，"结算科目"修改为"6301"，"金额"录入"1050"，"业务员"选择"黄松"，单击"保存"按钮，结果如图 5-29 所示。

图 5-29　虚拟付款单

4. 收款单录入

【任务资料】

2021 年 1 月 23 日，采购中心采购专员黄松与财务部门沟通，收回下沙(中国)有限公司 2000 元，当日收到转账支票(票号 59720715)。

【操作过程】

(1)2021 年 1 月 23 日，财务中心白译浩登录业财一体信息化平台。

(2)执行"业务工作→财务会计→应付款管理→付款单据处理→付款单据录入"命令，打开"收付款单录入"界面。单击工具栏的"切换"按钮。

(3)单击工具栏的"增加"按钮，根据任务资料填制收款单，单击"保存"按钮，结果如

图 5-30 所示。

图 5-30　收款单

任务 2.6　付款单据审核

【任务资料】

2021 年 1 月 25 日，将本月收付款单全部审核。

【操作过程】

（1）2021 年 1 月 25 日，财务中心白译浩登录业财一体信息化平台。

（2）执行"业务工作→财务会计→应付款管理→付款单据处理→付款单据审核"命令，打开如图 5-31 所示的"付款单查询条件"界面。单击"确定"按钮，打开"收付款单列表"界面，如图 5-32 所示。单击工具栏的"全选"按钮，此时每张单据最左侧"选择"栏显示"Y"字样，表示该单据被选中，单击工具栏"审核"按钮，单击"确定"按钮，如图 5-33 所示。

图 5-31　付款单查询条件

收付款单列表

选择	审核人	单据日期	单据类型	单据编号	供应商	部门 /	业务员	结算方式	票据号	币种	汇率	原币金额	本币金额
		2021-01-23	付款单	0000000003	海峰集团	采购中心	黄松	转账支票	71992635	人民币	1.00000000	661,050.00	661,050.00
		2021-01-23	付款单	0000000004	奥博集团	采购中心	黄松	转账支票	65997214	人民币	1.00000000	2,056,600.00	2,056,600.00
		2021-01-23	付款单	0000000005	美颂集团	采购中心	黄松	转账支票	71992646	人民币	1.00000000	237,300.00	237,300.00
		2021-01-23	付款单	0000000006	下沙（中国）有限公司	采购中心	黄松	转账支票	12022524	人民币	1.00000000	5,000.00	5,000.00
		2021-01-23	付款单	0000000007	海峰集团	采购中心	黄松	其他		人民币	1.00000000	1,050.00	1,050.00
		2021-01-23	收款单	0000000001	下沙（中国）有限公司	采购中心	黄松	转账支票	59720715	人民币	1.00000000	-2,000.00	-2,000.00
合计												2,959,000.00	2,959,000.00

图 5-32   收付款单列表

收付款单列表

选择	审核人	单据日期	单据类型	单据编号	供应商	部门 /	业务员	结算方式	票据号	币种	汇率	原币金额	本币金额
	白译浩	2021-01-23	付款单	0000000003	海峰集团	采购中心	黄松	转账支票	71992635	人民币	1.00000000	661,050.00	661,050.00
	白译浩	2021-01-23	付款单	0000000004	奥博集团	采购中心	黄松	转账支票	65997214	人民币	1.00000000	2,056,600.00	2,056,600.00
	白译浩	2021-01-23	付款单	0000000005	美颂集团	采购中心	黄松	转账支票	71992646	人民币	1.00000000	237,300.00	237,300.00
	白译浩	2021-01-23	付款单	0000000006	下沙（中国）有限公司	采购中心	黄松	转账支票	12022524	人民币	1.00000000	5,000.00	5,000.00
	白译浩	2021-01-23	付款单	0000000007	海峰集团	采购中心	黄松	其他		人民币	1.00000000	1,050.00	1,050.00
	白译浩	2021-01-23	收款单	0000000001	下沙（中国）有限公司	采购中心	黄松	转账支票	59720715	人民币	1.00000000	-2,000.00	-2,000.00
合计												2,959,000.00	2,959,000.00

图 5-33   收付款单审核列表

任务2.7   核销处理

【任务资料】

2021 年 1 月 25 日，对本月发生的业务进行核销处理。

【操作过程】

(1)2021 年 1 月 25 日，财务中心白译浩登录业财一体信息化平台。

(2)执行"业务工作→财务会计→应付款管理→核销处理→手工核销"命令，打开如图 5-34 所示的"核销条件"界面，在"供应商"栏参照选择"奥博集团"，单击"确定"按钮，打开"单据核销"界面。

图 5-34   核销条件

（3）在"2608976"号发票的"本次结算"栏中录入"2056600"，单击"保存"按钮，完成核销，结果如图 5-35 所示。

单据日期	单据类型	单据编号	供应商	款项	结算方式	币种	汇率	原币金额	原币余额	本次结算	订单号
2021-01-23	付款单	0000000003	奥博	应付款	转账支票	人民币	1.00000000	2,056,600.00	2,056,600.00	2,056,600.00	
合计								2,056,600.00	2,056,600.00	2,056,600.00	

单据日期	单据类型	单据编号	到期日	供应商	币种	原币金额	原币余额	可享受折扣	本次折扣	本次结算	订单号	凭证号
2021-01-24	采购专...	2608976	2021-01-24	奥博	人民币	2,056,600.00	2,056,600.00	0.00	0.00	2,056,6...		转-0007
2021-01-16	采购专...	52014296	2021-01-16	奥博	人民币	1,017,000.00	1,017,000.00	0.00				转-0003
合计						3,073,600.00	3,073,600.00	0.00		2,056,6...		

图 5-35　单据核销 1

（4）参照上述方法继续完成对海峰集团的核销处理，结果如图 5-36 所示。

单据日期	单据类型	单据编号	供应商	款项	结算方式	币种	汇率	原币金额	原币余额	本次结算	订单号
2021-01-23	付款单	0000000002	海峰	应付款	转账支票	人民币	1.00000000	661,050.00	661,050.00	661,050.00	
2021-01-23	付款单	0000000006	海峰	应付款	其他	人民币	1.00000000	1,050.00	1,050.00		
合计								662,100.00	662,100.00	661,050.00	

单据日期	单据类型	单据编号	到期日	供应商	币种	原币金额	原币余额	可享受折扣	本次折扣	本次结算	订单号	凭证
2020-12-31	采购专...	35014098	2020-12-31	海峰	人民币	440,700.00	440,700.00	0.00				
2021-01-15	采购专...	58-97334	2021-01-15	海峰	人民币	661,050.00	661,050.00	0.00	0.00	661,050.00		转-000:
合计						1,101,750.00	1,101,750.00	0.00		661,050.00		

图 5-36　单据核销 2

（5）参照上述方法继续完成对美颂集团的核销处理，结果如图 5-37 所示。

单据日期	单据类型	单据编号	供应商	款项	结算方式	币种	汇率	原币金额	原币余额	本次结算	订单号
2020-12-29	付款单	0000000001	美颂	预付款	转账支票	人民币	1.00000000	30,000.00	30,000.00		
2021-01-23	付款单	0000000004	美颂	应付款	转账支票	人民币	1.00000000	237,300.00	237,300.00	237,300.00	
合计								267,300.00	267,300.00	237,300.00	

单据日期	单据类型	单据编号	到期日	供应商	币种	原币金额	原币余额	可享受折扣	本次折扣	本次结算	订单号	凭证号
2021-01-22	采购普...	80954603	2021-01-22	美颂	人民币	3,900.00	3,900.00	0.00				转-0004
2021-01-15	采购专...	35674235	2021-01-15	美颂	人民币	237,300.00	237,300.00	0.00	0.00	237,300.00		转-0001
合计						241,200.00	241,200.00	0.00		237,300.00		

图 5-37　单据核销 3

任务 2.8　制单处理

【任务资料】

2021 年 1 月 25 日，对供应商本月发生的付款核销业务进行制单。

【操作过程】

（1）2021 年 1 月 25 日，财务中心白译浩登录业财一体信息化平台。

（2）执行"业务工作→财务会计→应付款管理→制单处理"命令，打开"制单查询"界面，勾选"收付款单制单"和"核销制单"项，如图 5-38 所示。单击"确定"按钮，打开"制单"界面，显示应付制单列表。

图 5-38 制单查询

（3）单击列表表头"供应商名称"栏，此时单据按供应商名称排序，在各单据左侧的"选择标志"栏录入制单序号，供应商名称相同的序号相同。在"凭证类别"栏，用下拉框选择"付款凭证"，如图 5-39 所示。

应付制单

凭证类别 [付款凭证 ▼] 制单日期 2021-01-25

选择标志	凭证类别	单据类型	单据号	日期	供应商编码	供应商名称	部门	业务员	金额
1	付款凭证	付款单	0000000004	2021-01-23	3	奥博集团	采购中心	黄松	2,056,6...
1	付款凭证	核销	0000000004	2021-01-25	3	奥博集团	采购中心	黄松	2,056,6...
2	付款凭证	付款单	0000000003	2021-01-23	1	海峰集团	采购中心	黄松	661,050.00
2	付款凭证	付款单	0000000007	2021-01-23	1	海峰集团	采购中心	黄松	1,050.00
2	付款凭证	核销	0000000003	2021-01-25	1	海峰集团	采购中心	黄松	661,050.00
3	付款凭证	付款单	0000000005	2021-01-23	4	美颂集团	采购中心	黄松	237,300.00
3	付款凭证	核销	0000000005	2021-01-25	4	美颂集团	采购中心	黄松	237,300.00
4	付款凭证	付款单	0000000006	2021-01-23	2	下沙（...	采购中心	黄松	5,000.00
5	付款凭证	收款单	0000000001	2021-01-23	2	下沙（...	采购中心	黄松	-2,000.00

图 5-39 制单

（4）单击工具栏的"制单"按钮，保存当前记账凭证并将其传递到总账系统，如图 5-40 所示，再单击"保存"按钮，将后续三张凭证逐一保存，如图 5-41～图 5-44 所示。

图 5-40 付款凭证 1

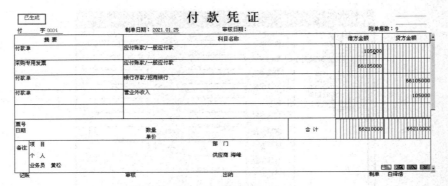

图 5-41　付款凭证 2

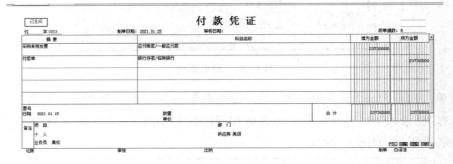

图 5-42　付款凭证 3

图 5-43　付款凭证 4

图 5-44　付款凭证 5

如出现赤字，请单击"继续"按钮。

任务3　票据管理业务处理

任务3.1　商业汇票

【任务资料】

2021年1月18日，经采购中心采购专员黄松申请，向海峰集团签发并承兑带息银行承兑汇票一张（票号28651365），面值为80000元，票面利率为5%，到期日为2021年4月18日，用于偿还上月15日货款。

【操作过程】

（1）填制商业汇票。

①2021年1月18日，财务中心白译浩登录业财一体信息化平台。执行"业务工作→财务会计→应付款管理→票据管理"命令，打开"条件查询选择"界面，单击"确定"按钮，打开"票据管理"界面。

②单击工具栏的"增加"按钮，根据任务资料填制商业承兑汇票，填制完毕单击"保存"按钮，保存该单据，结果如图5-45所示。

图5-45　商业汇票

（2）执行"应付款管理→付款单处理→付款单据审核"命令，对上述汇票自动生成的付款单进行审核。

（3）执行"应付款管理→核销处理→手工核销"命令，对供应商的往来款进行核销处理，核销界面如图5-46所示。

单据日期	单据类型	单据编号	供应商	款项	结算方式	币种	汇率	原币金额	原币余额	本次结算	订单号
2021-01-18	付款单	0000000006	海峰	应付款	银行承...	人民币	1.00000000	80,000.00	80,000.00	80,000.00	
合计								80,000.00	80,000.00	80,000.00	

单据日期	单据类型	单据编号	到期日	供应商	币种	原币金额	原币余额	可享受折扣	本次折扣	本次结算	订单号	凭证号
2020-12-31	采购专...	35014098	2020-12-31	海峰	人民币	440,700.00	440,700.00	0.00	0.00	80,000.00		
合计						440,700.00	440,700.00	0.00		80,000.00		

图5-46　单据核销

（4）单击"应付款管理→制单处理"命令，勾选"收付款单制单"和"核销制单"项，单击"确定"按钮，打开"制单"界面，单击列表表头"供应商名称"栏，在"选择标志"列将两张单据都录入编号"1"，供应商名称相同的序号相同。在"凭证类别"栏，用下拉框选择"转账凭证"，如图 5-47 所示。单击"制单"按钮，进入"填制凭证"界面，单击"保存"按钮，保存转账凭证，如图 5-48 所示。

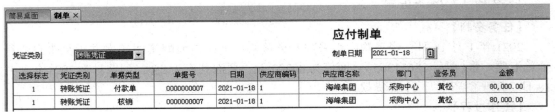

图 5-47　应付制单

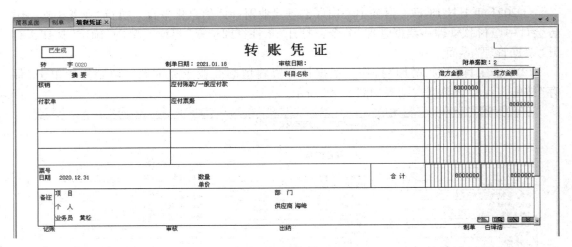

图 5-48　转账凭证

任务 3.2　票据到期结算

【任务资料】

2021 年 1 月 30 日，收到招商银行通知，36259123 号银行承兑汇票到期，已于当日支付票款。

【操作过程】

（1）2021 年 1 月 30 日，财务中心白译浩登录业财一体信息化平台。

（2）执行"业务工作→财务会计→应付款管理→票据管理"命令，打开"条件查询选择"界面，单击"确定"按钮，打开"票据管理"界面。

（3）双击 36259123 号票据最左侧的"选择"栏，此时该栏显示"Y"字样，表示该单被选中。单击工具栏的"结算"按钮，弹出"票据结算"对话框，"结算科目"栏参照选择"100201"，如图 5-49 所示。单击"确定"按钮，系统提示"是否立即制单"，单击"是"按钮，打开"填制凭证"界面，将凭证类别字改为"付"，单击"保存"按钮，结果如图 5-50 所示。

图 5-49　票据结算

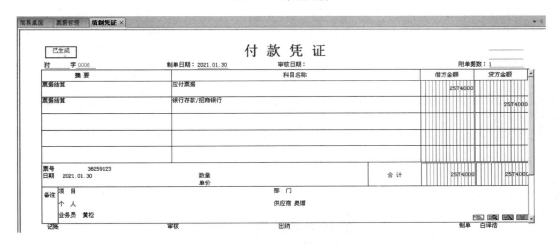

图 5-50　付款凭证

任务 3.3　票据计息

【任务资料】

2021 年 1 月 31 日，对 28651365 号带息商业承兑汇票计息。

【操作过程】

(1)2021 年 1 月 31 日，财务中心白译浩登录业财一体信息化平台。

(2)执行"业务工作→财务会计→应付款管理→票据管理"命令，打开"条件查询选择"界面，单击"确定"按钮，打开"票据管理"界面。

(3)双击 28651365 号票据最左侧的"选择"栏，此时该栏显示"Y"字样，表示该单据被选中。单击工具栏的"计息"按钮，弹出"票据计息"对话框，如图 5-51 所示。单击"确定"按钮，系统提示"是否立即制单"，单击"是"按钮，打开"填制凭证"界面，将凭证类别字改为"转"，单击"保存"按钮，结果如图 5-52 所示。

图 5-51 票据计息

图 5-52 付款凭证

任务 4　转账处理

任务 4.1　应付冲应付

【任务资料】

2021 年 1 月 31 日，经三方协商一致，将本月 20 日形成的应向海峰集团支付的 2400 元转为美颂集团的应付款。

【操作过程】

（1）2021 年 1 月 31 日，财务中心白译浩登录业财一体信息化平台。

（2）执行"业务工作→财务会计→应付款管理→转账→应付冲应付"命令，打开"应付冲应付"界面。

（3）在转出的"供应商"栏选择"海峰集团"，转入的"供应商"栏选择"美颂集团"，单击工具栏的"查询"按钮。在"35014098"号发票的"并账金额"栏中录入"2400"，如图 5-53 所示。

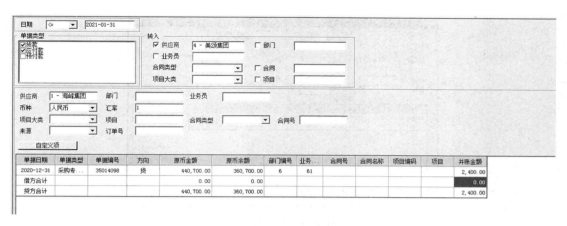

图 5-53 应付冲应付

(4)单击"保存"按钮，系统提示"是否立即制单"，单击"是"按钮，进入"填制凭证"界面，将凭证类别字改为"转"，单击"保存"按钮，结果如图 5-54 所示。

图 5-54 转账凭证

任务4.2 预付冲应付

【任务资料】

2021 年 1 月 31 日，经双方协商一致，用下沙(中国)有限公司本月 23 日的预付款 5000 元，冲减本月 24 日的应付款。

【操作过程】

(1)2021 年 1 月 31 日，财务中心白译浩登录业财一体信息化平台。

(2)执行"业务工作→财务会计→应付款管理→"预付冲应付"命令，打开"预付冲应付"界面。

(3)在"预付款"选项卡的"供应商"栏选择"下沙(中国)有限公司"，单击"过滤"按钮，在所过滤的付款单"转账金额"栏中录入"5000"，如图 5-55 所示。

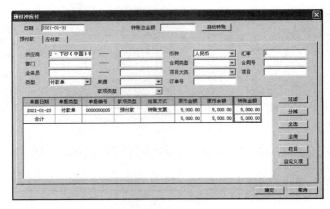

图 5-55　预付冲应付

（4）单击"应付款"选项卡，单击"过滤"按钮，在所过滤的采购专用发票"转账金额"栏中录入"5000"，如图 5-56 所示。

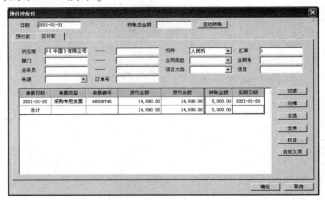

图 5-56　预付冲应付

（5）单击"确定"按钮，系统提示"是否立即制单"，单击"是"按钮，打开"填制凭证"界面，将凭证类别字改为"转"，单击"保存"按钮，结果如图 5-57 所示。

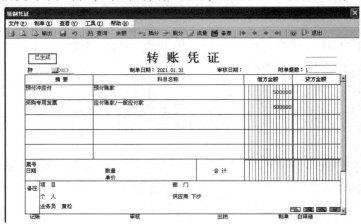

图 5-57　转账凭证

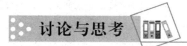

讨论与思考

1. 如何设置应付款业务的常用科目？常用科目有哪些？

2. 如何设置预警级别？不同级别代表什么含义？

3. 应付单据录入包括哪些单据类型？录入不同单据操作方法有何区别与联系？

4. 如何进行应付单据制单？应付单据制单与项目四的制单有何不同？

5. 付款单据录入包括哪些单据类型？录入不同单据的操作方法有何区别与联系？

6. 如何进行单据核销？单据核销有何意义与作用？

项目六 应收款业务处理

章节概述

本项目主要进行账套应收系统设置、典型业务处理、票据管理业务处理、转账处理，培养学生在业财一体信息化平台上熟练操作应付系统的能力。

学习目标

通过训练，学生能够在业财一体信息化平台上完成销售发票填制、审核，并生成应收类凭证，编制收款单并生成收款凭证，培养学生具有独立完成典型应收业务处理的能力，达到胜任基于业财一体信息化平台企业会计核算岗位的工作职责目标。

任务 1 系统初始化

任务 1.1 设置系统参数

【任务资料】

系统参数设置如表6-1所示。

表 6-1 系统参数设置

系统	选项	参数设置
应收账款管理	常规	坏账处理方式：销售收入百分比法； 自动计算现金折扣
	凭证	受控科目制单方式：明细到单据； 方向相反的分录自动合并

续表

系统	选项	参数设置
应收账款管理	权限与预警	取消"控制操作员权限"； 按信用方式根据单据提前 15 天自动预警

【操作过程】

(1)2021 年 1 月 1 日，张宇登录业财一体信息化平台。

(2)执行"业务工作→财务会计→应收款管理→设置→选项"命令，打开"账套参数设置"界面。单击"编辑"按钮，系统提示"选项修改需要重新登录才能生效"，单击"确定"按钮，在"常规"选项卡，"坏账处理方式"栏选择"销售收入百分比法"，勾选"自动计算现金折扣"项，如图 6-1 所示。

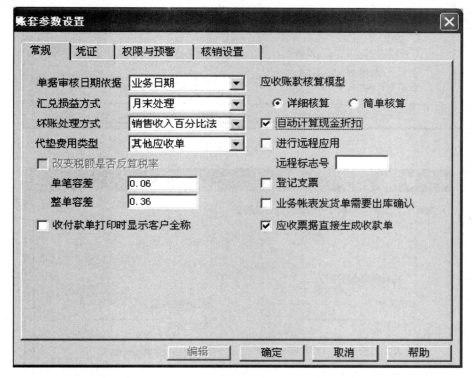

图 6-1　常规

(3)单击"凭证"选项卡，修改受控科目制单方式为"明细到单据"，勾选"方向相反的分录自动合并"项，如图 6-2 所示。

(4)单击"权限与预警"选项卡，取消"控制操作员权限"，按信用方式根据单据提前 15 天自动预警，单击"确定"按钮退出，如图 6-3 所示。

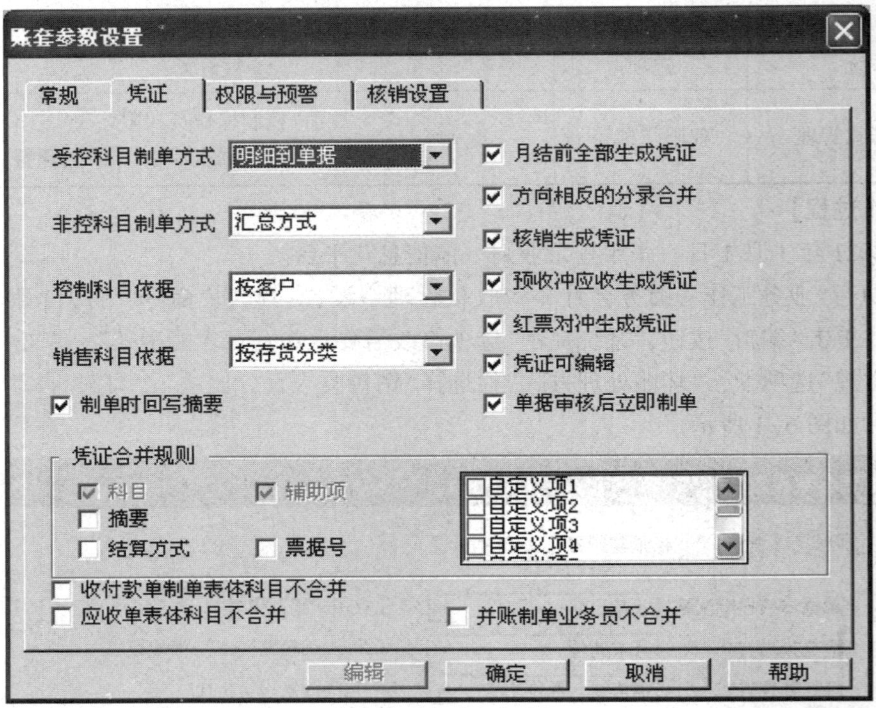

图 6-2 凭证

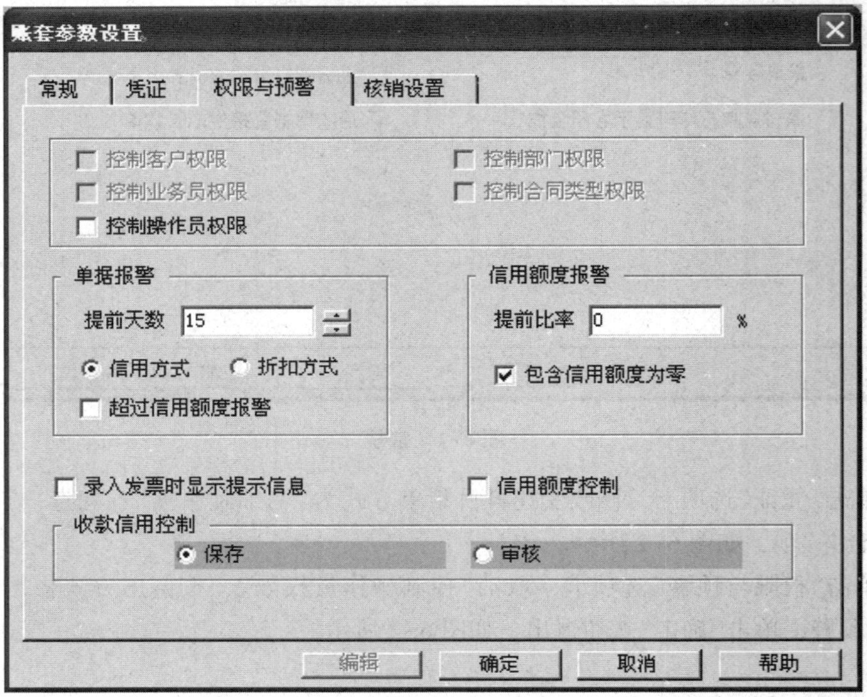

图 6-3 权限与预警

任务 1.2 初始设置

1. 基础科目设置

【任务资料】

基础科目设置如表 6-2 所示。

表 6-2 基础科目设置

基础科目种类	科目	币种
应收科目	1122 应收账款	人民币
预收科目	2203 预收账款	人民币
保险费科目	660207 管理费用-保险费	人民币
出口销售收入科目	6001 主营业务收入	人民币
币种兑换差异科目	6111 投资收益	人民币
服务收入科目	6001 主营业务收入	人民币
汇兑损益科目	660304 财务费用-汇兑损益	人民币
坏账入账科目	1231 坏账准备	人民币
合同收入科目	6001 主营业务收入	人民币
商业承兑科目	1121 应收票据	人民币
银行承兑科目	1121 应收票据	人民币
票据利息科目	660302 财务费用-利息支出	人民币
票据费用科目	660303 财务费用-票据贴现	人民币
收支费用科目	660103 销售费用-办公费	人民币
现金折扣科目	660301 财务费用-现金折扣	人民币
税金科目	22210102 应交税费-应交增值税-销项税额	人民币
销售收入科目	6001 主营业务收入	人民币
销售退回科目	6001 主营业务收入	人民币

【操作过程】

(1)2021 年 1 月 1 日，张宇登录业财一体信息化平台。

(2)执行"业务工作→财务会计→应收款管理→设置→初始设置"命令，打开"初始设置"界面。在"设置科目"项下选择"基本科目设置"命令，单击"增加"按钮，根据任务资料设置基础科目，结果如图 6-4 所示。

基础科目种类	科目	币种
应收科目	1122	人民币
预收科目	2203	人民币
保险费科目	660207	人民币
出口销售收入科目	6001	人民币
币种兑换差异科目	6111	人民币
服务收入科目	6001	人民币
汇兑损益科目	660304	人民币
坏账入账科目	1231	人民币
合同收入科目	6001	人民币
商业承兑科目	1121	人民币
银行承兑科目	1121	人民币
票据利息科目	660302	人民币
票据费用科目	660303	人民币
收支费用科目	660103	人民币
现金折扣科目	660301	人民币
税金科目	22210102	人民币
销售收入科目	6001	人民币
销售退回科目	6001	人民币

图 6-4　基础科目

2. 结算方式设置

【任务资料】

为满足不同类型的交易需求，设置多种结算方式。结算方式设置如表 6-3 所示。

表 6-3　结算方式设置

结算方式	币种	本单位银行账号	科目
现金	人民币	666235891478	1001 库存现金
现金支票	人民币	666235891478	100201 银行存款—招商银行
转账支票	人民币	666235891478	100201 银行存款—招商银行
其他	人民币	666235891478	100201 银行存款—招商银行

【操作过程】

（1）2021 年 1 月 1 日，张宇登录业财一体信息化平台。

（2）执行"业务工作→财务会计→应收款管理→设置→初始设置"命令，打开"初始设置"界面。在"设置科目"项下选择"结算方式科目设置"，单击"增加"按钮，根据任务资料设置结算方式科目，结果如图 6-5 所示。

结算方式	币　种	本单位账号	科…
1 现金	人民币	666235891478	1001
21 现金支票	人民币	666235891478	100201
22 转账支票	人民币	666235891478	100201
4 其他	人民币	666235891478	100201

图 6-5　结算方式

3. 坏账准备设置

【任务资料】

期末坏账提取比率为"1%"，"坏账准备期初余额"为"1000"，"坏账准备科目"为"坏账准备"，"对方科目"为"信用减值损失"。

【操作过程】

（1）2021 年 1 月 1 日，张宇登录业财一体信息化平台。

（2）执行"业务工作→财务会计→应收款管理→设置→初始设置"命令，打开"初始设置"界面。单击"坏账准备设置"选项，录入"提取比率""坏账准备期初余额""坏账准备科目"和"对方科目"这四项信息，录入完毕单击"确定"按钮，系统提示"存储完毕"，单击"确定"按钮，结果如图 6-6 所示。

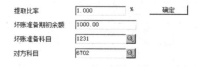

图 6-6　坏账准备

4. 账龄内区间设置

【任务资料】

账龄内区间如表 6-4 所示。

表 6-4　账龄内区间

序号	起止天数	总天数
01	1~20	20
02	21~40	40
03	41~60	60
04	61~80	80
05	81 以上	

【操作过程】

（1）2021 年 1 月 1 日，张宇登录业财一体信息化平台。

（2）执行"业务工作→财务会计→应收款管理→设置→初始设置"命令，打开"初始设置"界面，单击"账龄内区间设置"项，根据任务资料在第一行"总天数"栏中录入"20"，按Enter键，后续按照任务资料录入，结果如图6-7所示。

序号	起止天数	总天数
01	0-20	20
02	21-40	40
03	41-60	60
04	61-80	80
05	81以上	

图6-7 账龄内区间

5. 逾期账龄区间设置

【任务资料】

逾期账龄区间如表6-5所示。

表6-5 逾期账龄区间

序号	起止天数	总天数
01	1～20	20
02	21～40	40
03	41～60	60
04	61～80	80
05	81以上	

【操作过程】

（1）2021年1月1日，张宇登录业财一体信息化平台。

（2）执行"业务工作→财务会计→应收款管理→设置→初始设置"命令，打开"初始设置"界面，单击"逾期账龄区间设置"选项，根据任务资料在第一行"总天数"栏中录入"20"，按Enter键，后续按照任务资料录入，结果如图6-8所示。

序号	起止天数	总天数
01	1-20	20
02	21-40	40
03	41-60	60
04	61-80	80
05	81以上	

图6-8 逾期账龄区间

6. 报警级别设置

【任务资料】

报警级别如表6-6所示。

表 6-6　报警级别

序号	起止比率/%	总比率/%	级别名称
01	0~15	15	一
02	15~30	30	二
03	30~45	45	三
04	45~60	60	四
05	60~75	75	五
06	75		六

【操作过程】

（1）2021 年 1 月 1 日，张宇登录业财一体信息化平台。

（2）执行"业务工作→财务会计→应收款管理→设置→初始设置"命令，打开"初始设置"界面，单击"逾期账龄区间设置"选项，根据任务资料在第一行"总比率"栏中录入"15"，"级别名称"栏中录入"一"，按 Enter 键，后续按照任务资料录入，结果如图 6-9 所示。

序号	起止比率	总比率(%)	级别名称
01	0-15%	15	一
02	15%-30%	30	二
03	30%-45%	45	三
04	45%-60%	60	四
05	60%-75%	75	五
06	75%以上		六

图 6-9　报警级别

任务 2　日常业务处理

任务 2.1　应收单据录入

1. 销售专用发票录入

【任务资料】

业务 1：2021 年 1 月 5 日，销售中心何乐向北京新兴正常销售冷尚 CN-3C 空调 200 台，无税单价 4600 元，增值税税率为 13%，取得销售专用发票，发票号 15926347。

业务 2：2021 年 1 月 6 日，销售中心王鑫向辽宁万盛正常销售智享系列 BCD—112 冰箱 150 台，无税单价 6000 元，增值税税率为 13%，取得销售专用发票，发票号 15926348。

业务 3：2021 年 1 月 6 日，销售中心何乐向西安丰豪正常销售 XPB-4S 洗衣机 80 台，无税单价 6600 元，增值税税率为 13%，取得销售专用发票，发票号 15926349。

【操作过程】

（1）2021 年 1 月 5 日，张宇登录业财一体信息化平台。

（2）执行"业务工作→财务会计→应收款管理→应收单据处理→应收单据录入"命令，打开"单据类别"界面。单击"确定"按钮，打开"销售发票"界面，单击工具栏的"增加"按钮，根据任务资料，表头录入"发票号""客户""业务员"和"税率"等信息，表体录入"存货编码""数量"和"无税单价"等信息，录入完毕单击"保存"按钮，结果如图6-10所示。

图6-10　销售专用发票1

（3）按照上述方法继续录入剩余两张发票，结果如图6-11和图6-12所示。

图6-11　销售专用发票2

图6-12　销售专用发票3

2. 销售普通发票录入

【任务资料】

2021年1月10日，销售中心何乐向上海名奢销售BCE-532W冰箱5台，无税单价8000元，增值税税率为13%，取得销售普通发票，发票号12266578。

【操作过程】

（1）2021年1月10日，张宇登录业财一体信息化平台。

(2)执行"业务工作→财务会计→应收款管理→应收单据处理→应收单据录入"命令，打开"单据类别"对话框。单据类型选择"销售普通发票"，单击"确定"按钮，打开"销售发票"界面，单击工具栏的"增加"按钮，根据任务资料，表头录入"发票号""客户""业务员"等信息，表体录入"存货编码""数量"和"无税单价"等信息，录入完毕单击"保存"按钮，结果如图6-13所示。

图 6-13 销售普通发票

3. 其他应收单录入

【任务资料】

2021年1月15日，销售中心王鑫向辽宁万盛销售冰箱时，辽宁万盛以工商银行支付电汇款1500元，票号为13365489。

【操作过程】

(1)2021年1月15日，张宇登录业财一体信息化平台。

(2)执行"业务工作→财务会计→应收款管理→应收单据处理→应收单据录入"命令，打开"单据类别"界面。单据名称选择"应收单"，单击"确定"按钮，打开"应收单"界面，单击工具栏的"增加"按钮，根据任务资料，表头录入"客户""金额""业务员"等信息，表体"科目"栏中录入"100201"，录入完毕单击"保存"按钮，结果如图6-14所示。

图 6-14 应收单

4. 删除应收单据

2020年1月16日，假定本月6日填制的销售中心何乐向西安丰豪销售XPB-4S洗衣机15926349号销售专用发票有误，要求将其删除。

【操作过程】

(1)2021年1月16日，张宇登录业财一体信息化平台。

(2)执行"业务工作→财务会计→应收款管理→应收单据处理—应收单据录入"命令，

打开"单据类型"界面，单击工具栏的"定位"按钮，在"单据编号"栏中录入"15926349"，单击"确定"找到该发票。

（3）单击"工具栏"上的"删除"按钮，系统提示"单据删除后不能恢复，是否继续"，单击"是"按钮，将该发票删除，结果如图6-15所示。

图 6-15　删除发票

任务2.2　审核应收单据

【任务资料】

2021年1月21日，将本月发票全部进行审核。

【操作过程】

（1）2021年1月21日，张宇登录业财一体信息化平台。

（2）执行"业务工作→财务会计→应收款管理→应收单据处理→应收单据审核"命令，打开"应收单据查询"界面，单击"确定"按钮，打开"单据处理"界面，如图6-16所示。

图 6-16　应收单据列表

（3）单击工具栏的"全选"按钮，再单击工具栏的"审核"按钮，在弹出的如图6-17所示的提示框内可以看到审核信息，单击"确定"按钮。

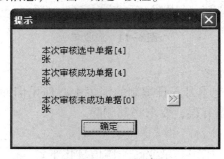

图 6-17　应收单据审核提示

任务 2.3　应收单据制单处理

【任务资料】

2021 年 1 月 22 日，将本月已审核的应收单据全部进行制单处理。

【操作过程】

(1) 2021 年 1 月 22 日，张宇登录业财一体信息化平台。

(2) 执行"业务工作→财务会计→应收款管理→制单处理"命令，打开如图 6-18 所示的"制单查询"界面，勾选"应收单制单"项。

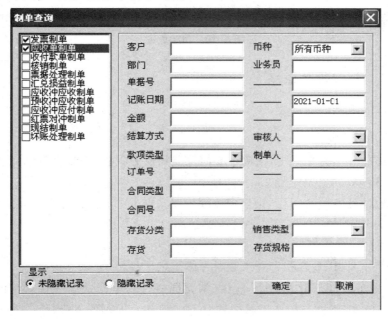

图 6-18　制单查询

(3) 单击工具栏的"全选"按钮，如图 6-19 所示，选择要进行制单的单据，单击工具栏的"制单"按钮，打开"填制凭证"界面，单击"保存"按钮，保存当前"付款凭证"，结果如图 6-20 所示。

简易桌面　制单 ✕

应收制单

凭证类别　转账凭证 ▾　　　　　　　　　　　制单日期　2021-01-22

选择标志	凭证类别	单据类型	单据号	日期	客户编码	客户名称	部门	业务员	金额
1	转账凭证	销售专…	15926347	2021-01-21	2	北京新…	销售中心	何乐	1,039,6…
2	转账凭证	销售专…	15926348	2021-01-21	1	辽宁万…	销售中心	王鑫	1,017,0…
3	转账凭证	销售普…	12266578	2021-01-21	3	上海名…	销售中心	何乐	45,200.00
4	转账凭证	其他应收单	0000000001	2021-01-21	1	辽宁万…	销售中心	王鑫	1,500.00

图 6-19　应收单制单

图 6-20 付款凭证

任务 2.4 录入收款单据

【任务资料】

1. 收回以前的应收款

业务1：2021年1月23日，销售中心何乐通知财务中心收到北京新兴1月5日转账支票支付货款1036900元，票据号23252671。

业务2：2021年1月23日，销售中心何乐通知财务中心收到辽宁万盛商贸中心1月6日转账支票支付货款1017000元，票据号23252672。

【操作过程】

(1)2021年1月23日，张宇登录业财一体信息化平台。

(2)执行"业务工作→财务会计→应收款管理→收款单据处理→收款单据录入"命令，打开"收付款单录入"界面，单击工具栏的"增加"按钮，根据任务资料，表头录入"客户"，"结算方式""金额""票据号"和"业务员"等信息。录入完毕单击"保存"按钮，结果如图6-21和图6-22所示。

图 6-21 收款单 1

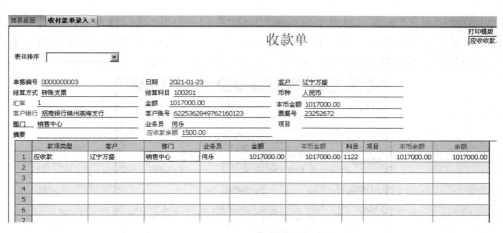

图 6-22 收款单 2

2. 预收货款

【任务资料】

2021 年 1 月 24 日，销售中心王鑫通知财务中心，预收上海名奢转账支票 46400 元，用于货款，票号 23252673。

【操作过程】

(1)2021 年 1 月 24 日，张宇登录业财一体信息化平台。

(2)执行"业务工作→财务会计→应收款管理→收款单据处理→收款单据录入"命令，打开"收付款单录入"界面，单击工具栏的"增加"按钮，根据任务资料，表头录入"客户""结算方式""金额""票据号"和"业务员"等信息。

(3)将表体的"款项类型"修改为"预收款"，单击"保存"按钮，结果如图 6-23 所示。

图 6-23 收款单

3. 修改收款单

【任务资料】

2021 年 1 月 24 日，假定本月 23 日收到的北京新兴 1 月 5 日电汇款有误，金额为 1039600 元。

【操作过程】

(1)2021 年 1 月 24 日，张宇登录业财一体信息化平台。

(2)执行"业务工作→财务会计→应收款管理→收款单据处理→收款单据录入"命令，

打开"收付款单录入"界面，单击工具栏的"定位"按钮，打开"收付款单定位条件"对话框，如图6-24所示，在"单据日期"选择"2021-01-23"，"客户"选择"北京新兴百货有限公司"，找到单据，按照任务资料进行修改，结果如图6-25所示。

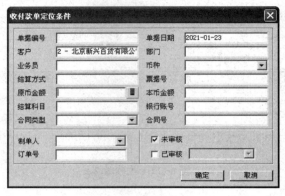

图6-24　收付款单定位条件

收款单

表体排序 [_____▼]

单据编号 0000000001　　　日期　2021-01-23　　　客户　新兴百货
结算方式 转账支票　　　　结算科目 100201　　　币种　人民币
汇率　1　　　　　　　金额　1039600.00　　　本币金额 1039600.00
客户银行 中国银行北京昌平支行　客户账号 6216532897000891698　票据号 23252671
部门　销售中心　　　　业务员　何乐　　　　　项目
摘要　　　　　　　　　应收款余额 0.00

	款项类型	客户	部门	业务员	金额	本币金额	科目	本币余额	余额
1	应收款	新兴百货	市场中心	何乐	1039600.00	1039600.00	1122	1039600.00	1039600.00
2									

图6-25　收款单

任务2.5　审核收款单据

【任务资料】

2021年1月24日，将本月收款单全部进行审核。

【操作过程】

（1）2021年1月24日，张宇登录业财一体信息化平台。

（2）执行"业务工作→财务会计→应收款管理→收款单据处理→收款单据审核"命令，打开"收款单查询"界面，单击"确定"按钮，打开"收付款单列表"界面，单击工具栏的"全选"按钮，再单击工具栏的"审核"按钮，结果如图6-26所示。

收付款单列表

记录总数：3

选择	审核人	单据日期	单据类型	单据编号	客户名称	部门	业务员	结算方式	票据号	币种	汇率	原币金额	本币金额
		2021-01-23	收款单	0000000002	北京新兴百货有限公司	销售中心	何乐	转账支票	2325...	人民币	1.00000000	1,039,600.00	1,039,600.00
		2021-01-23	收款单	0000000003	辽宁万盛商贸中心	销售中心	何乐	转账支票	2325...	人民币	1.00000000	1,017,000.00	1,017,000.00
		2021-01-24	收款单	0000000004	上海名睿商业中心	销售中心	王鑫	转账支票	2325...	人民币	1.00000000	46,400.00	46,400.00
合计												2,103,000.00	2,103,000.00

图6-26　收付款单审核

任务2.6　核销处理

【任务资料】

2021年1月25日，将北京新兴、辽宁万盛本月发生的销售业务进行核销处理。

【操作过程】

(1)2021年1月25日，张宇登录业财一体信息化平台。

(2)执行"业务工作→财务会计→应收款管理→核销处理→手工核销"命令，打开"核销条件"界面，在"客户"栏选择"北京新兴"，单击"确定"按钮，打开如图6-27所示的"单据核销"界面。在单据编号15926347的"本次结算"栏中录入"1039600"，单击工具栏"保存"按钮。

单据日期	单据类型	单据编号	客户	款项类型	结算方式	币种	汇率	原币金额	原币余额	本次结算金额	订单号
2020-12-26	收款单	0000000001	北京新兴	预收款	转账支票	人民币	1.00000000	50,000.00	50,000.00		
2021-01-23	收款单	0000000003	北京新兴	应收款	转账支票	人民币	1.00000000	1,039,600.00	1,039,600.00	1,039,600.00	
合计								1,089,600.00	1,089,600.00	1,039,600.00	

单据日期	单据类型	单据编号	到期日	客户	币种	原币金额	原币余额	可享受折扣	本次折扣	本次结算	订单号
2021-01-05	销售专...	15926347	2021-01-05	北京新兴	人民币	1,039,600.00	1,039,600.00	0.00	0.00	1,039,600.00	
合计						1,039,600.00	1,039,600.00	0.00		1,039,600.00	

图6-27　单据核销处理1

(3)参照上述方法对辽宁万盛的销售业务进行核销处理，结果如图6-28所示。

单据日期	单据类型	单据编号	客户	款项类型	结算方式	币种	汇率	原币金额	原币余额	本次结算金额	订单号
2021-01-23	收款单	0000000004	辽宁万盛	应收款	转账支票	人民币	1.00000000	1,017,000.00	1,017,000.00	1,017,000.00	
合计								1,017,000.00	1,017,000.00	1,017,000.00	

单据日期	单据类型	单据编号	到期日	客户	币种	原币金额	原币余额	可享受折扣	本次折扣	本次结算	订单号
2021-01-15	其他应收单	0000000001	2021-01-15	辽宁万盛	人民币	1,500.00	1,500.00	0.00			
2021-01-06	销售专...	15926348	2021-01-06	辽宁万盛	人民币	1,017,000.00	1,017,000.00	0.00	0.00	1,017,000.00	
合计						1,018,500.00	1,018,500.00	0.00		1,017,000.00	

图6-28　单据核销处理2

任务2.7　制单处理

【任务资料】

2021年1月25日，按照客户对本月核销收款业务进行制单处理。

【操作过程】

(1)2021年1月25日，张宇登录业财一体信息化平台。

(2)执行"业务工作→财务会计→应收款管理→制单处理"命令，打开如图6-29所示的"制单查询"界面，勾选"收付款单制单"和"核销制单"项，单击"确定"按钮，打开"制单"界面。

(3)单击"客户名称"，使单据按照客户名称进行排序，同一公司前面的标志相同，修改凭证类型为"收款凭证"，结果如图6-30所示。

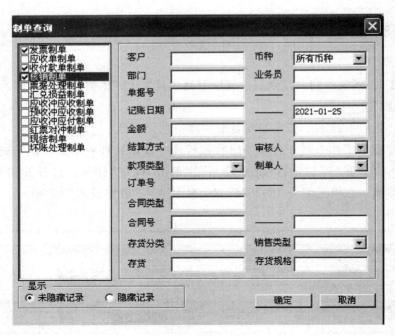

图 6-29　制单查询

图 6-30　应收单制单

（4）单击工具栏的"制单"按钮，进入"填制凭证"界面，单击"保存"按钮，保存当前"制单处理"，结果如图 6-31 所示。

图 6-31　收款凭证

任务 3　票据管理

任务 3.1　商业汇票

【任务资料】

2021 年 1 月 27 日，销售中心王鑫通知财务中心收到上海名奢签发并承兑的银行承兑汇票一张（票号 2597892），金额 807950 元，到期日 2021 年 4 月 27 日，承兑银行为招商银行，该票据用于偿还本月欠款。

【操作过程】

（1）2021 年 1 月 27 日，张宇登录业财一体信息化平台。

（2）执行"业务工作→财务会计→应收管理→票据管理"命令，打开"条件查询选择"对话框，打开"票据管理"，单击工具栏的"增加"按钮，根据任务资料填制银行承兑汇票，填制完毕单击"保存"按钮，结果如图 6-32 所示。

图 6-32　商业汇票

（3）单击"应收款管理→收款单据处理→收款单据审核"命令，对上述商业汇票自动生成的收款单进行审核，如图 6-33 所示。

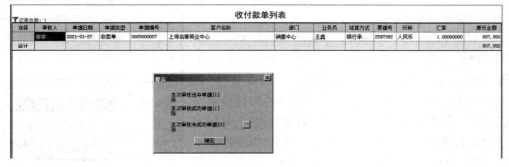

图 6-33　收付款单审核

（4）单击"应收款管理→核销处理→手工核销"命令，对上海名奢的往来款进行核销处理，在"本次结算金额"栏中录入"807950"，结果如图 6-34 所示。

图 6-34　核销处理

（5）进行制单处理，结果如图 6-35 所示。

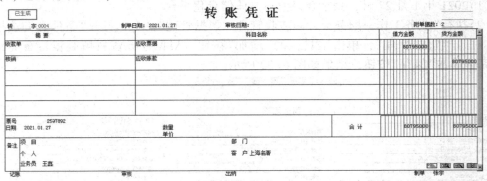

图 6-35　转账凭证

任务 3.2　票据到期结算

【任务资料】

2021 年 1 月 30 日，14708245 号银行承兑汇票到期，到中国招商银行办理结算，当日收到票据款。

【操作过程】

（1）2021 年 1 月 30 日，张宇登录业财一体信息化平台。执行"业务工作→财务会计→应收款管理→票据管理"命令，打开"条件查询选择"对话框，单击"确定"按钮，打开"票据管理"界面。

（2）双击 14708245 号票据最左侧的"选择"栏，此时该栏显示"Y"字样，表示该单据被选中。单击工具栏的"结算"按钮，弹出"票据结算"对话框，"结算科目"栏参照选择"100201"，"托收单位"栏选择"中国招商银行实训支行"，如图 6-36 所示。单击"确定"按钮，系统提示"是否立即制单"，单击"是"按钮，进入"填制凭证"界面，将凭证类别字改为"收"，单击"保存"按钮，结果如图 6-37 所示。如出现赤字，请单击"继续"按钮。

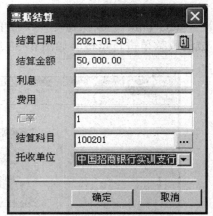

图 6-36　票据结算

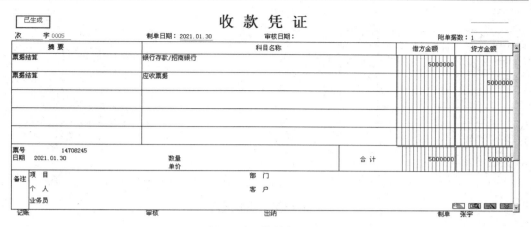

图 6-37　收款凭证

任务3.3　票据贴现

【任务资料】

将 2021 年 1 月 31 日的商业承兑汇票到中国招商银行办理贴现，贴现率 5%，贴现款当日存入银行。

【操作过程】

(1)2021 年 1 月 31 日，张宇登录业财一体信息化平台。

(2)执行"业务工作→财务会计→应收款管理→票据管理"命令，打开"条件查询选择"对话框，单击"确定"按钮，打开"票据管理"界面。

(3)双击 2597892 号票据最左侧的"选择"栏，此时该栏显示"Y"字样，表示该票据被选中。单击工具栏的"贴现"按钮，弹出"票据贴现"对话框。根据任务资料，在"贴现率"栏中录入"5"，"结算科目"栏选择"100201"，如图 6-38 所示。单击"确定"按钮，系统提示"是否立即制单"，单击"是"按钮，打开"填制凭证"界面，将凭证类别字改为"收"，单击"保存"按钮，结果如图 6-39 所示。

图 6-38　票据贴现

图 6-39　收款凭证

任务 4　转账处理

任务 4.1　应收冲应收

【任务资料】

2021 年 1 月 31 日，经三方协商一致，将本月 15 日应收辽宁万盛的 1500 元转给上海名奢。

【操作过程】

（1）2021 年 1 月 31 日，张宇登录业财一体信息化平台。

（2）执行"业务工作→财务会计→应收款管理→转账→应收冲应收"命令，打开"应收冲应收"界面。

（3）在"转出"的"客户"栏选择"辽宁万盛"，"转入"的"客户"栏选择"上海名奢"，单击工具栏的"查询"按钮，在发票的"并账金额"栏中录入"1500"，结果如图 6-40 所示。

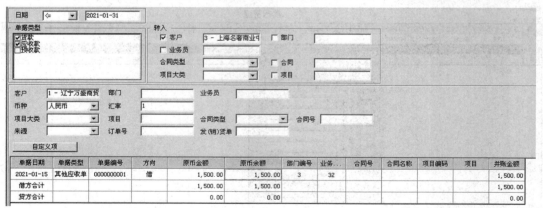

图 6-40　应收冲应收

（4）单击"保存"按钮，系统提示"是否立即制单"，单击"是"按钮，打开"填制凭证"界面，将凭证类别字改为"转"，单击"保存"按钮，结果如图6-41所示。

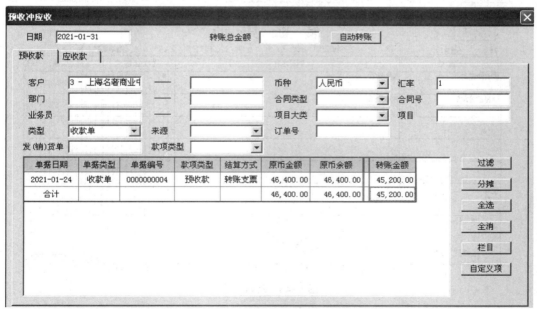

图 6-41　转账凭证

任务4.2　预收冲应收

【任务资料】

2021年1月31日，用上海名奢24日的预收款45200元冲减本月10日的应收款。

【操作过程】

（1）2021年1月31日，张宇登录业财一体信息化平台。

（2）执行"业务工作→财务会计→应收款管理→转账→预收冲应收"命令，打开"预收冲应收"界面。在"预收款"选项卡，"客户"栏选择"上海名奢"，按"过滤"按钮，在所过滤单据的"转账金额"栏中录入"45200"，结果如图6-42所示。

图 6-42　预收冲应收 1

（3）单击"应收款"选项卡，单击"过滤"按钮，在所过滤销售专用发票的"转账额"栏中录入"45200"，结果如图6-43所示。

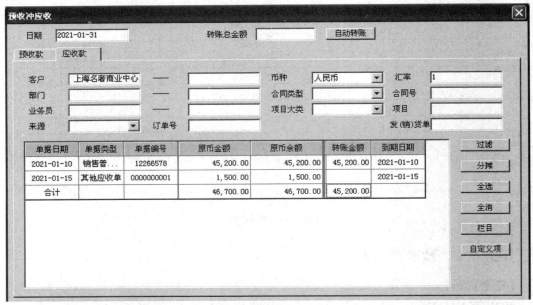

图6-43　预收冲应收2

（4）单击"确定"按钮，系统提示"是否立即制单"，单击"是"按钮，凭证类别字改为"转"，单击"保存"按钮，结果如图6-44所示。

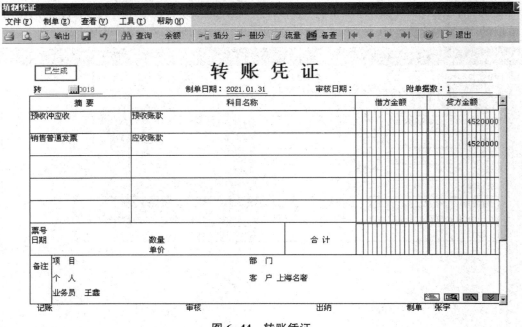

图6-44　转账凭证

任务 4.3　坏账发生

【任务资料】

2021 年 1 月 31 日，上海名奢本月 10 日的应收款中有 1500 元发生坏账。

【操作过程】

(1)2021 年 1 月 31 日，张宇登录业财一体信息化平台。

(2)执行"业务工作→财务会计→应收款管理→坏账处理→坏账发生"命令，打开"坏账发生"界面。在"客户"栏选择"上海名奢"，单击"确定"按钮，打开"坏账发生单据明细"界面。在"本次发生坏账金额"栏中录入"1500"，单击"确认"按钮，系统提示"是否立即制单"，结果如图 6-45 所示。

坏账发生单据明细

单据类型	单据编号	单据日期	合同号	合同名称	到期日	余额	部门	业务员	本次发生坏账金额
其他应收单	0000000001	2021-01-15			2021-01-15	1,500.00	销售中心	王鑫	1500
合计						1,500.00			1,500.00

图 6-45　坏账发生单据明细

(3)单击"是"按钮，打开"填制凭证"界面，将凭证类别字改为"转"，单击"保存"按钮，结果如图 6-46 所示。

转账凭证

已生成		转 字 0008	制单日期：2021.01.31	审核日期：			附单据数：1
摘要		科目名称				借方金额	贷方金额
坏账发生		坏账准备				150000	
其他应收单		应收账款					150000
票号 日期		数量 单价			合计	150000	150000
备注 项目 个人 业务员		部门 客户					
记账	审核	出纳				制单 张宇	

图 6-46　转账凭证

任务 4.4 坏账收回

【任务资料】

2021 年 1 月 31 日，销售中心何乐通知财务中心，收到银行通知（转账支票，票号 23567894），收回已作为坏账处理的西安丰豪应收账款 50000 元。

【操作过程】

（1）2021 年 1 月 31 日，张宇登录业财一体信息化平台。

（2）执行"业务工作→财务会计→应收款管理→收款单据处理→收款单据录入"命令，打开"收款单"界面，单击"增加"按钮，根据任务资料填一张收款单，结果如图 6-47 所示。

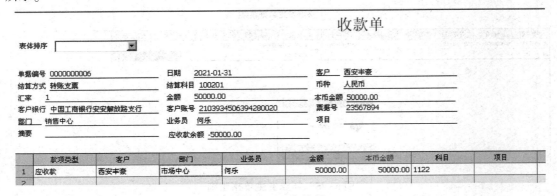

图 6-47 收款单

（3）执行"坏账处理→坏账收回"命令，打开"坏账收回"对话框。在"客户"栏选择"西安丰豪"，"结算单号"选择上一步所填制的收款单号，结果如图 6-48 所示。

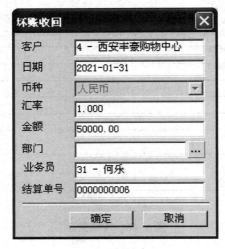

图 6-48 坏账收回

（4）单击"确定"按钮，系统提示"是否立即制单"，单击"是"按钮，打开"填制凭证"界面，单击"保存"按钮，结果如图 6-49 所示。

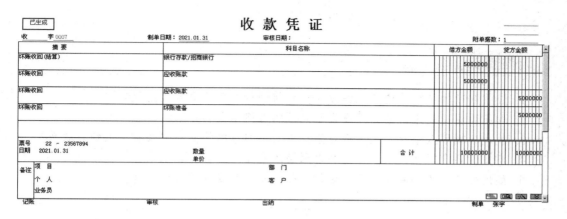

图 6-49 收款凭证

任务 4.5 计提坏账

【任务资料】

2021 年 1 月 31 日，计提坏账准备。

【操作过程】

（1）2021 年 1 月 31 日，张宇登录业财一体信息化平台。

（2）执行"业务工作→财务会计→应收款管理→坏账准备"命令，打开如图 6-50 所示的"销售收入百分比法"界面。

销售总额	计提比率	坏账准备
1,860,000.00	1.000%	18,600.00

图 6-50 销售收入百分比法

（3）单击工具栏的"确认"按钮，系统提示"是否立即制单"，单击"是"按钮，打开"填制凭证"界面，将凭证类别字改为"转"，单击"保存"按钮，结果如图 6-51 所示。

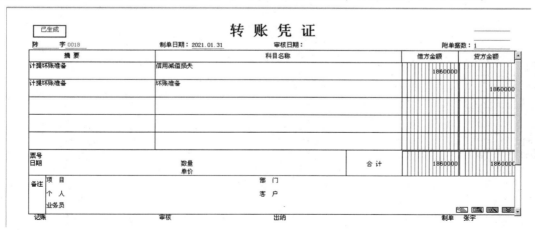

图 6-51 转账凭证

讨论与思考

1. 应收账款的坏账处理有几种方式？如何进行坏账处理方式设置？
2. 如何设置逾期账龄区间？设置不同区间有何意义和作用？
3. 收款单据录入包括哪些单据类型？录入不同单据的操作方法有何区别与联系？
4. 商业汇票有哪些类型？如何利用到期的商业汇票进行款项结算？
5. 如何处理应收冲应收业务？这种业务的发生需要满足哪些条件？

项目七 薪资业务处理

章节概述

　　本项目主要进行账套薪资系统初始化、日常业务处理，培养学生在业财一体信息化平台上熟练操作薪资系统的能力。

学习目标

　　通过训练，学生能够在业财一体信息化平台上完成人员档案信息调整、工资计算、月度工资表的编制、工资计提，并能够正确生成工资计提凭证，培养学生具有独立完成企业薪资业务处理的能力，达到胜任基于业财一体信息化平台企业会计核算岗位的工作职责目标。

任务 1　薪资系统初始化

任务 1.1　工资账套建立

【任务资料】

2021 年 1 月 1 日，建立工资账套，其他项默认，如表 7-1 所示。

表 7-1　薪资管理系统参数

建账向导	参数设置
参数设置	单个工资类别
扣税设置	从工资中代扣个税
扣零设置	扣零设置且扣零至元
人员编码	本系统人员编码与公共平台编码一致

【操作过程】

（1）2021 年 1 月 1 日，财务中心白译浩登录业财一体信息化平台。

（2）执行"业务工作→人力资源→薪资管理"命令，打开"建立工资套—参数设置"对话框，如图 7-1 所示。

（3）单击"下一步"按钮，打开如图 7-2 所示"建立工资套—扣税设置"对话框，勾选"是否从工资中代扣个人所得税"项。

（4）单击"下一步"按钮，打开"建立工资套—扣零设置"对话框，勾选"扣零"项，同时勾选"扣零至元"项，如图 7-3 所示。

（5）单击"下一步"按钮，打开"建立工资套—人员编码"对话框，如图 7-4 所示，单击"完成"按钮。

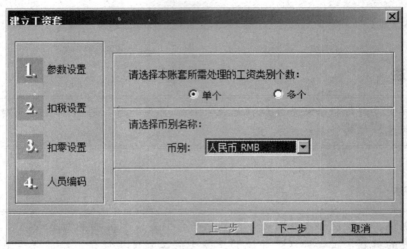

图 7-1　建立工资套—参数设置

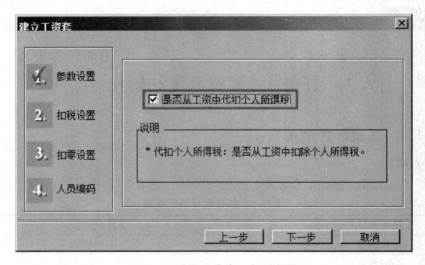

图 7-2　建立工资套—扣税设置

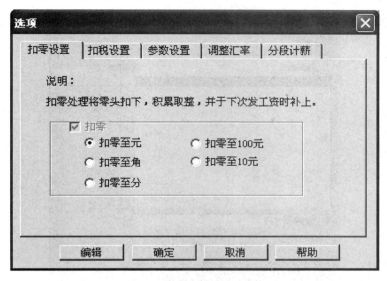

图7-3 建立工资套—扣零设置

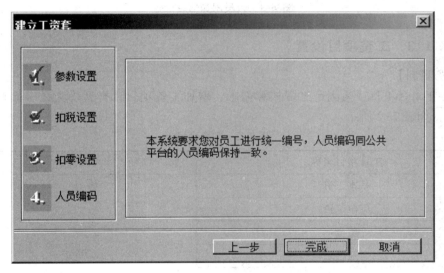

图7-4 建立工资套—人员编码

任务1.2 人员附加信息

【任务资料】

增加人员附加信息"职称""学历"。

【操作过程】

(1)2021年1月1日，财务中心白译浩登录业财一体信息化平台。

(2)执行"业务工作→人力资源→薪资管理→设置→人员附加信息设置"命令，打开如图7-5所示"人员附加信息设置"界面。单击"增加"按钮，在"信息名称"栏中录入"职称"，再单击"增加"按钮，在"信息名称"栏中录入"学历"，再单击"增加"按钮，单击"确定"按钮。

图 7-5　人员附加信息设置

任务 1.3　工资项目设置

【任务资料】

2021 年 1 月 1 日，为满足工资核算需求，增加工资项目，类型均为数字，长度为 8，小数为 2，如表 7-2 所示。

表 7-2　工资项目

工资项目名称	增减项
基本工资	增项
岗位工资	
奖金	
交通补贴	
工龄津贴	
加班津贴	
非货币性福利	
病假扣款	减项
事假扣款	
个人养老保险	
个人医疗保险	
个人失业保险	
个人住房公积金	
累计已预扣预缴税额	

续表

工资项目名称	增减项
企业养老保险	
企业医疗保险	
企业失业保险	
企业工伤保险	
企业生育保险	
企业住房公积金	
五险一金工资基数	
应付工资	其他
累计应付工资	
累计减除费用	
累计专项附加扣除	
累计预扣预缴应纳税所得额	
日工资	
加班天数	
病假天数	
事假天数	

【操作过程】

张宇登录业财一体信息化平台，执行"业务工作→人力资源→薪资管理→设置→工资项目设置"命令，打开"工资项目设置"界面，单击"应发合计"项，再单击"增加"按钮，根据任务资料逐项添加工资项目，结果如图7-6和图7-7所示。

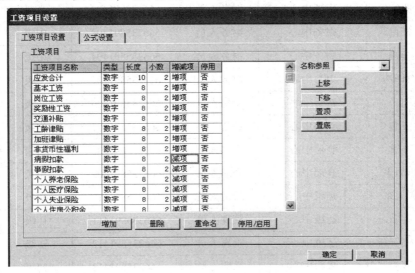

图7-6　工资项目设置1

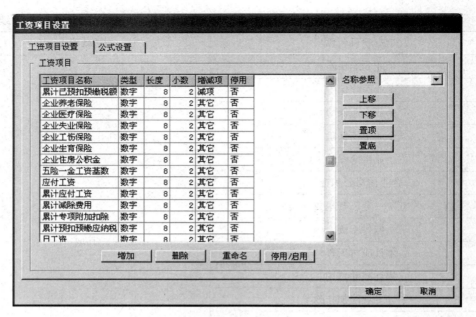

图 7-7　工资项目设置 2

任务 1.4　人员档案

【任务资料】

2021 年 1 月 1 日，添加人员档案，所有职工的开户银行都是工商银行，人员档案如表 7-3 所示。

表 7-3　人员档案

编码	姓名	薪资部门名称	人员类别	银行账号	职称	学历
11	李天明	总经理办公室	管理人员	666235891401	高级	研究生
01	张宇	财务中心	财务人员	666235891402	高级	研究生
02	汪伦	财务中心	财务人员	666235891403	中级	研究生
03	李翔	财务中心	财务人员	666235891404	中级	研究生
04	白译浩	财务中心	财务人员	666235891405	中级	研究生
31	何乐	销售中心	销售人员	666235891406	初级	本科
32	王鑫	销售中心	销售人员	666235891407	初级	本科
07	苏波	仓储中心	仓储人员	666235891408	初级	本科
08	崔旭生	仓储中心	仓储人员	666235891409	初级	本科
06	崔旭东	运维中心	管理人员	666235891410	初级	本科
07	孙明	运维中心	管理人员	666235891411	初级	本科
09	刘宁	运维中心	管理人员	666235891412	初级	本科
61	黄松	采购中心	采购人员	666235891413	初级	本科

【操作过程】

（1）执行"业务工作→人力资源→薪资管理设置→人员档案"命令，打开"人员档案"界面。

（2）单击工具栏的"批增"按钮，打开"人员批量增加"对话框，单击对话框右上方的"查询"按钮，单击"确定"按钮，人员添加成功并返回"人员档案"界面。补充每个职员的开户银行、账号、职称、学历。双击"李天明"一行，打开"人员档案明细"界面，根据任务资料，"银行名称"选择"工商银行"，在"银行账号"栏中录入666235891401，单击"附加信息"选项卡，在"职称"栏中录入"高级"，"学历"栏中录入"研究生"。单击"确定"按钮，系统提示"录入该人员档案信息吗"，单击"确定"按钮。

（3）继续完成后续人员基本信息及附加信息的录入。录入完毕关闭"人员档案明细"界面，返回"人员档案"界面。

任务1.5　设置工资项目公式

【任务资料】

2021年1月1日，设置工资项目的计算公式，工资项目的计算公式如表7-4和表7-5所示。

表7-4　工资项目的计算公式1

序号	工资项目名称	计算公式
1	加班津贴	加班天数×100
2	日工资	（基本工资+岗位工资）/22
3	事假扣款	50×事假天数
4	五险一金工资基数	3500
5	个人养老保险	基本工资×8%
6	个人医疗保险	基本工资×2%
7	个人失业保险	基本工资×0.2%
8	个人住房公积金	基本工资×12%
9	企业养老保险	五险一金工资基数×8%
10	企业医疗保险	五险一金工资基数×2%
11	企业失业保险	五险一金工资基数×0.2%
12	企业工伤保险	五险一金工资基数×0.8%
13	企业生育保险	五险一金工资基数×0.5%
14	企业住房公积金	五险一金工资基数×12%
15	应付工资	基本工资+岗位工资+奖金+交通补贴+工龄津贴+加班津贴+ 非货币性福利-病假扣款-事假扣款
16	累计减除费用	3000×1
17	累计专项附加扣除	1000×1
18	累计预扣预缴 应纳税所得额	累计应付工资-累计减除费用-（个人养老保险+个人医疗保险+ 个人失业保险+个人住房公积金）×1-累计专项附加扣除

表 7-5　工资项目的计算公式 2

序号	工资项目	计算公式
1	交通补贴	管理人员 500 元，其他人员 800 元
2	岗位工资	管理人员 1000 元，销售人员 800 元，其他人员 500 元
3	病假扣款	病假天数≤3，病假扣款＝日工资×病假天数×0.1； 3＜病假天数≤10，病假扣款＝日工资×病假天数×0.2； 病假天数＞10，病假扣款＝日工资×病假天数×0.8

【操作过程】

执行"业务工作→人力资源→薪资管理设置→设置→工资项目设置"命令，打开"工资项目设置"界面，根据任务资料依次添加公式，结果如图 7-8～图 7-14 所示。

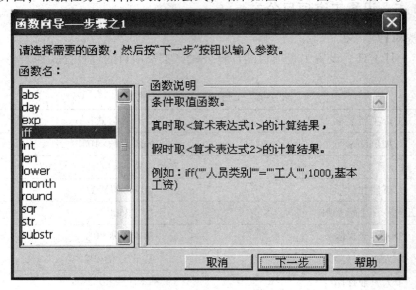

图 7-8　函数向导——步骤之 1

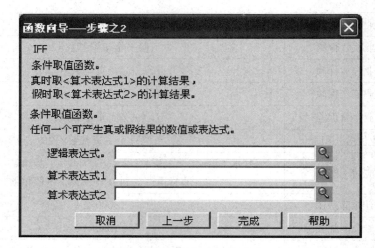

图 7-9　函数向导——步骤之 2

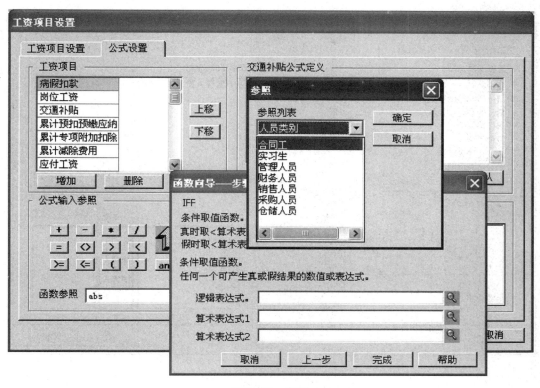

图 7-10 参照

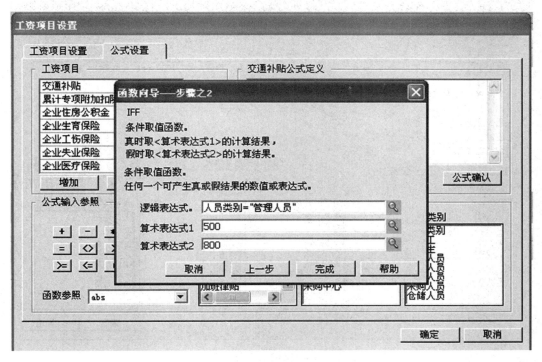

图 7-11 逻辑表达式

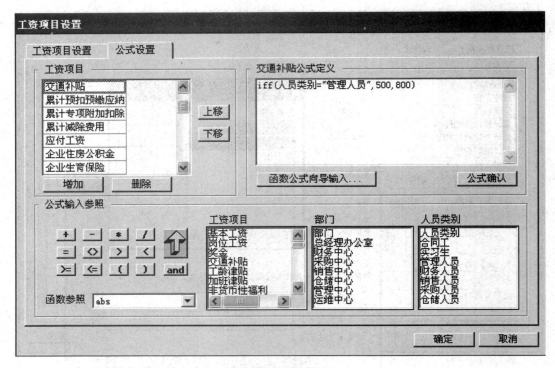

图 7-12　交通补贴公式定义

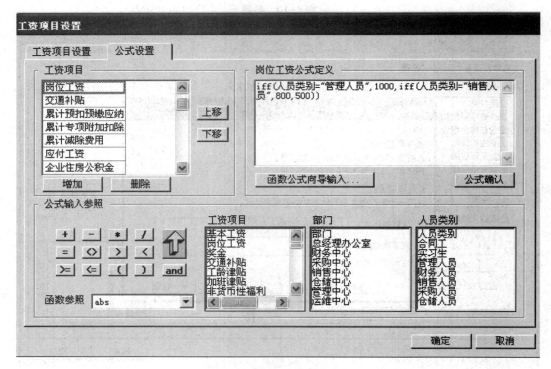

图 7-13　岗位工资公式定义

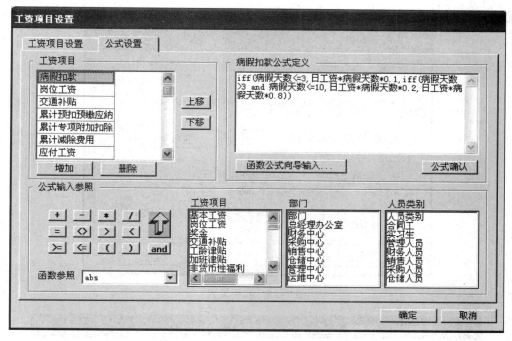

图 7-14　病假扣款公式定义

任务 1.6　扣税设置

【任务资料】

2021 年 1 月 1 日，按照累计预扣法，设置征税依据为"累计预扣预缴应纳税所得额"工资项，将税率表中的"基数""附加费用"设置为零，将税率表调整为预扣率表。个人所得税预扣率如表 7-6 所示。

表 7-6　个人所得税预扣率（工资薪金预扣预缴适用）

级数	累计预扣预缴应纳税所得额	预扣率/%	速算扣除数/元
1	不超过 36000 元	3	0
2	超过 36000 元至 144000 元的部分	10	2520
3	超过 144000 元至 300000 元的部分	20	16920
4	超过 300000 元至 420000 元的部分	25	31920
5	超过 420000 元至 660000 元的部分	30	52920
6	超过 660000 元至 960000 元的部分	35	85920
7	超过 960000 元	45	181920

【操作过程】

（1）2021 年 1 月 1 日，张宇登录业财一体化信息平台。

（2）执行"选项→编辑→扣税设置"命令进行修改，结果如图 7-15 所示。再单击"税率设置"按钮进行修改，结果如图 7-16 所示。

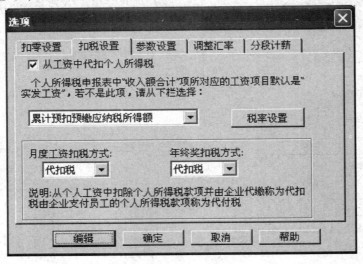

图 7-15　扣税设置

图 7-16　税率表

任务 2　业务处理

任务 2.1　工资变动

【任务资料】

2021 年 1 月 31 日，根据以下资料计算本月职工工资：

(1) 全体职工奖金为 1200 元。

(2) 除奖金以外，2021 年 1 月工资数据如表 7-7 所示。

表 7-7　2021 年 1 月工资数据

人员	部门	基本工资	工龄津贴	加班天数	病假天数	事假天数	累计应付工资
李天明	总经理办公室	8000.00	300.00		5		11000.00
张宇	财务中心	6500.00	300.00	2			9500.00
汪伦	财务中心	6000.00	100.00		1		8800.00
李翔	财务中心	5100.00	150.00			1	7900.00
白译浩	财务中心	5100.00	150.00	7			8700.00
何乐	销售中心	6000.00	150.00	6			9000.00
王鑫	销售中心	5900.00	150.00		2	2	8900.00
苏波	仓储中心	6000.00	100.00				8800.00
崔旭生	仓储中心	5900.00	100.00	1			8700.00
崔旭东	运维中心	6000.00	100.00		1		8800.00
孙明	运维中心	5900.00	100.00	1			8800.00
刘宁	运维中心	5700.00	100.00			1	8700.00
黄松	采购中心	5900.00	200.00	8			8900.00
合计		78000.00	2 000.00	25	9	4	116500.00

【操作过程】

(1)2021 年 1 月 1 日，财务中心白译浩登录业财一体信息化平台。

(2)执行"业务工作→人力资源→薪资管理→业务处理→工资变动"命令，打开"工资变动"界面。

(3)单击工具栏的"全选"按钮，再单击"替换"按钮，打开"工资项数据替换"对话框，"将工资项目"栏选择"奖金"项，在"替换成"栏中录入"1200"，结具如图 7-17 所示。单击"确定"按钮，系统弹出"数据替换后将不可恢复。是否继续"提示框，单击"是"按钮，系统提示"9 条记录被替换，是否重新计算"，单击"是"按钮。按任务资料，录入其他工资项目数据，录入完毕后计算汇总，结果如图 7-18 和图 7-19 所示。

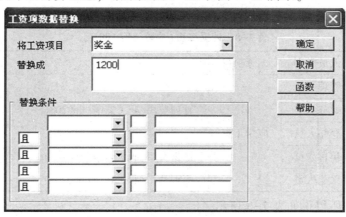

图 7-17　工资数据替换

工资变动

选择	工号	人员编号	姓名	部门	人员类别	应发合计	基本工资	岗位工资	奖金	交通补贴	工龄津贴	加班津贴
		11	李天明	总经理办公室	管理人员	11,000.00	8,000.00	1,000.00	1,200.00	500.00	300.00	
		01	张宇	财务中心	财务人员	9,500.00	6,500.00	500.00	1,200.00	800.00	300.00	200.00
		02	汪伦	财务中心	财务人员	8,600.00	6,000.00	500.00	1,200.00	800.00	100.00	
		03	李翔	财务中心	财务人员	7,750.00	5,100.00	500.00	1,200.00	800.00	150.00	
		04	白译洁	财务中心	财务人员	8,450.00	5,100.00	500.00	1,200.00	800.00	150.00	700.00
		61	黄松	采购中心	采购人员	9,400.00	5,900.00	500.00	1,200.00	800.00	200.00	800.00
		31	何乐	销售中心	销售人员	9,550.00	6,000.00	800.00	1,200.00	800.00	150.00	600.00
		32	王鑫	销售中心	销售人员	8,850.00	5,900.00	800.00	1,200.00	800.00	150.00	
		07	苏波	仓储中心	仓储人员	8,600.00	6,000.00	500.00	1,200.00	800.00	100.00	
		08	崔旭生	仓储中心	仓储人员	8,600.00	5,900.00	500.00	1,200.00	800.00	100.00	100.00
		05	崔旭东	运维中心	管理人员	8,800.00	6,000.00	1,000.00	1,200.00	500.00	100.00	
		06	孙明	运维中心	管理人员	8,800.00	5,900.00	1,000.00	1,200.00	500.00	100.00	100.00
		09	刘宁	运维中心	管理人员	8,500.00	5,700.00	1,000.00	1,200.00	500.00	100.00	
合计						116,400.00	78,000.00	9,100.00	15,600.00	9,200.00	2,000.00	2,500.00

图 7-18 工资变动 1

工资变动

选择	工号	人员编号	姓名	部门	人员类别	应付工资	累计应付工资	累计减除费用	累计专项附加扣除	累计预扣预缴应纳税所得额
		11	李天明	总经理办公室	管理人员	10,590.91	11,000.00	3,000.00	1,000.00	5,224.00
		01	张宇	财务中心	财务人员	9,500.00	9,500.00	3,000.00	1,000.00	4,057.00
		02	汪伦	财务中心	财务人员	8,570.45	8,800.00	3,000.00	1,000.00	3,468.00
		03	李翔	财务中心	财务人员	7,700.00	7,900.00	3,000.00	1,000.00	2,767.80
		04	白译洁	财务中心	财务人员	8,450.00	8,700.00	3,000.00	1,000.00	3,567.80
		61	黄松	采购中心	采购人员	9,400.00	8,900.00	3,000.00	1,000.00	3,590.20
		31	何乐	销售中心	销售人员	9,550.00	9,000.00	3,000.00	1,000.00	3,668.00
		32	王鑫	销售中心	销售人员	8,689.09	8,900.00	3,000.00	1,000.00	3,590.20
		07	苏波	仓储中心	仓储人员	8,600.00	8,700.00	3,000.00	1,000.00	3,468.00
		08	崔旭生	仓储中心	仓储人员	8,600.00	8,700.00	3,000.00	1,000.00	3,390.20
		05	崔旭东	运维中心	管理人员	8,768.18	8,800.00	3,000.00	1,000.00	3,468.00
		06	孙明	运维中心	管理人员	8,800.00	8,800.00	3,000.00	1,000.00	3,490.20
		09	刘宁	运维中心	管理人员	8,450.00	8,700.00	3,000.00	1,000.00	3,434.60
合计						115,668.63	116,500.00	39,000.00	13,000.00	47,184.00

图 7-19 工资变动 2

任务 2.2 工资分摊设置

【任务资料】

2021 年 1 月 31 日，进行工资分摊。

（1）计提工资如表 7-8 所示。

表 7-8 计提工资（分摊比例 100%）

部门	人员类别	工资项目	借方科目	贷方科目
总经理办公室	管理人员	应付工资	管理费用/职工薪酬（660208）	应付职工薪酬/工资（221101）
财务中心	财务人员			
仓储中心	仓储人员			
销售中心	销售人员		销售费用/职工薪酬（660108）	
采购中心	采购人员		管理费用/职工薪酬（660208）	

（2）预扣个人所得税如表 7-9 所示。

表 7-9　预扣个人所得税

部门	人员类别	工资项目	借方科目	贷方科目
总经理办公室	管理人员	代扣税	应付职工薪酬/工资（221101）	应交税费/应交个人所得税（222103）
财务中心	财务人员			
仓储中心	仓储人员			
销售中心	销售人员			
采购中心	采购人员			
总经理办公室	管理人员	累计已预扣预缴税额	应付职工薪酬/工资（221101）	
财务中心	财务人员			
仓储中心	仓储人员			
销售中心	销售人员			
采购中心	采购人员			

（3）代扣职工负担的"三险一金"如表 7-10 所示。

表 7-10　代扣职工负担的"三险一金"

部门	人员类别	工资项目	借方科目	贷方科目
总经理办公室	管理人员	个人医疗保险	应付职工薪酬/工资（221101）	其他应付款/代扣医疗保险（224101）
财务中心	财务人员			
仓储中心	仓储人员			
销售中心	销售人员			
采购中心	采购人员			
总经理办公室	管理人员	个人养老保险	应付职工薪酬/工资（221101）	其他应付款/代扣养老保险（224102）
财务中心	财务人员			
仓储中心	仓储人员			
销售中心	销售人员			
采购中心	采购人员			
总经理办公室	管理人员	个人失业保险	应付职工薪酬/工资（221101）	其他应付款/代扣失业保险（224103）
财务中心	财务人员			
仓储中心	仓储人员			
销售中心	销售人员			
采购中心	采购人员			
总经理办公室	管理人员	个人住房公积金	应付职工薪酬/工资（221101）	其他应付款/代扣住房公积金（224104）
财务中心	财务人员			
仓储中心	仓储人员			
销售中心	销售人员			
采购中心	采购人员			

（4）计提企业负担的"五险一金"如表7-11所示。

表7-11　计提企业负担的"五险一金"

部门	人员类别	工资项目	借方科目	贷方科目
总经理办公室	管理人员	企业医疗保险	管理费用/职工薪酬（660208）	应付职工薪酬/医疗保险费（221102）
财务中心	财务人员			
仓储中心	仓储人员			
销售中心	销售人员		销售费用/职工薪酬（660108）	
采购中心	采购人员		管理费用/职工薪酬（660208）	
总经理办公室	管理人员	企业养老保险	管理费用/职工薪酬（660208）	应付职工薪酬养老保险费（221104）
财务中心	财务人员			
仓储中心	仓储人员			
销售中心	销售人员		销售费用/职工薪酬（660108）	
采购中心	采购人员		管理费用/职工薪酬（660208）	
总经理办公室	管理人员	企业失业保险	管理费用/职工薪酬（660208）	应付职工薪酬/失业险（221105）
财务中心	财务人员			
仓储中心	仓储人员			
销售中心	销售人员		销售费用/职工薪酬（660108）	
采购中心	采购人员		管理费用/职工薪酬（660208）	
总经理办公室	管理人员	企业工伤保险	管理费用/职工薪酬（660208）	应付职工薪酬/工伤险（221107）
财务中心	财务人员			
仓储中心	仓储人员			
销售中心	销售人员		销售费用/职工薪酬（660108）	
采购中心	采购人员		管理费用/职工薪酬（660208）	

续表

部门	人员类别	工资项目	借方科目	贷方科目
总经理办公室	管理人员	企业生育保险	管理费用/职工薪酬（660208）	应付职工薪酬/生育险（221103）
财务中心	财务人员			
仓储中心	仓储人员			
销售中心	销售人员		销售费用/职工薪酬（660108）	
采购中心	采购人员		管理费用/职工薪酬（660208）	
总经理办公室	管理人员	企业住房公积金	管理费用/职工薪酬（660208）	应付职工薪酬/住房公积金（221106）
财务中心	财务人员			
仓储中心	仓储人员			
销售中心	销售人员		销售费用/职工薪酬（660108）	
采购中心	采购人员		管理费用/职工薪酬（660208）	

（5）计提工会经费如表 7-12 所示。

表 7-12　计提工会经费（12%）

部门	人员类别	工资项目	借方科目	贷方科目
总经理办公室	管理人员	应付工资	管理费用/职工薪酬（660208）	应付职工薪酬/工会经费（221109）
财务中心	财务人员			
仓储中心	仓储人员			
销售中心	销售人员		销售费用/职工薪酬（660108）	
采购中心	采购人员		管理费用/职工薪酬（660208）	

【操作过程】

（1）2021 年 1 月 31 日，财务中心白译浩登录业财一体信息化平台。

（2）执行"业务工作→人力资源→薪资管理→业务处理→工资分摊"命令，打开"工资分摊"界面。

（3）单击"工资分摊设置..."按钮，打开"分摊类型设置"界面，单击"增加"按钮，打开"分摊计提比例设置"对话框，在"计提类型名称"栏中录入"计提工资"。

（4）单击"下一步"按钮，打开"分摊构成设置"界面，根据任务资料，录入"部门名称""人员类别"等信息，结果如图 7-20 所示。

（5）其他项目操作过程同上，结果如图 7-21～图 7-24 所示。

部门名称	人员类别	工资项目	借方科目	借方项目大类	借方项目	贷方科目	贷方项目大类
总经理办公室	管理人员	应付工资	660208			221101	
财务中心	财务人员	应付工资	660208			221101	
仓储中心	仓储人员	应付工资	660208			221101	
销售中心	销售人员	应付工资	660108			221101	
采购中心	采购人员	应付工资	660208			221101	

图 7-20　分摊构成设置—计提工资

部门名称	人员类别	工资项目	借方科目	借方项目大类	借方项目	贷方科目	贷方项目大
总经理办公室	管理人员	代扣税	221101			222103	
财务中心	财务人员	代扣税	221101			222103	
仓储中心	仓储人员	代扣税	221101			222103	
销售中心	销售人员	代扣税	221101			222103	
采购中心	采购人员	代扣税	221101			222103	
总经理办公室	管理人员	累计已预扣...	221101			222103	
财务中心	财务人员	累计已预扣...	221101			222103	
仓储中心	仓储人员	累计已预扣...	221101			222103	
销售中心	销售人员	累计已预扣...	221101			222103	
采购中心	管理人员	累计已预扣	221101			222103	

图 7-21　分摊构成设置—预扣个人所得税

部门名称	人员类别	工资项目	借方科目	借方项目大类	借方项目	贷方科目	贷方项目大
总经理办公室	管理人员	个人养老保险	221101			224102	
总经理办公室	管理人员	个人医疗保险	221101			224101	
总经理办公室	管理人员	个人失业保险	221101			224103	
总经理办公室	管理人员	个人住房公...	221101			224104	
财务中心	财务人员	个人养老保险	221101			224102	
财务中心	财务人员	个人医疗保险	221101			224101	
财务中心	财务人员	个人失业保险	221101			224103	
财务中心	财务人员	个人住房公...	221101			224104	
销售中心	销售人员	个人养老保险	221101			224102	
销售中心	销售人员	个人医疗保险	221101			224101	

图 7-22　分摊构成设置—"三险一金"

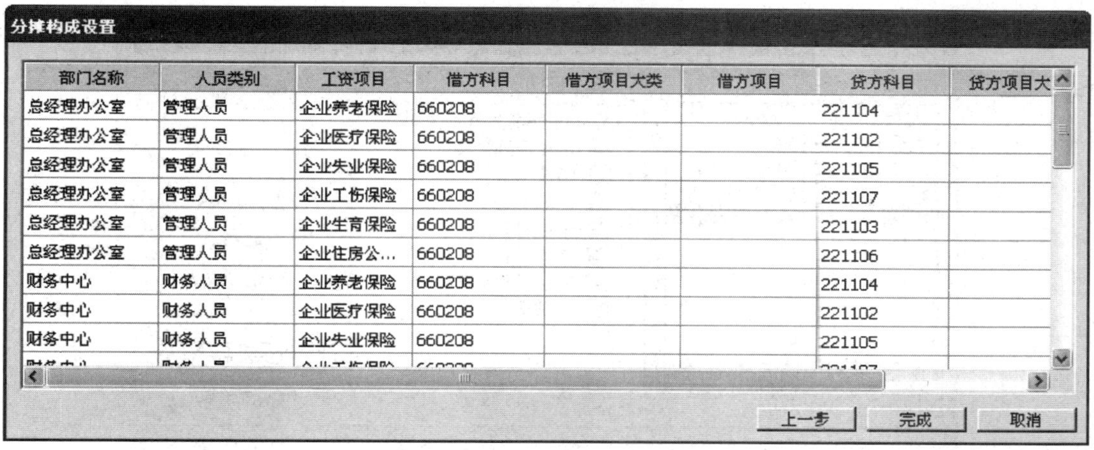

图 7-23　分摊构成设置—"五险一金"

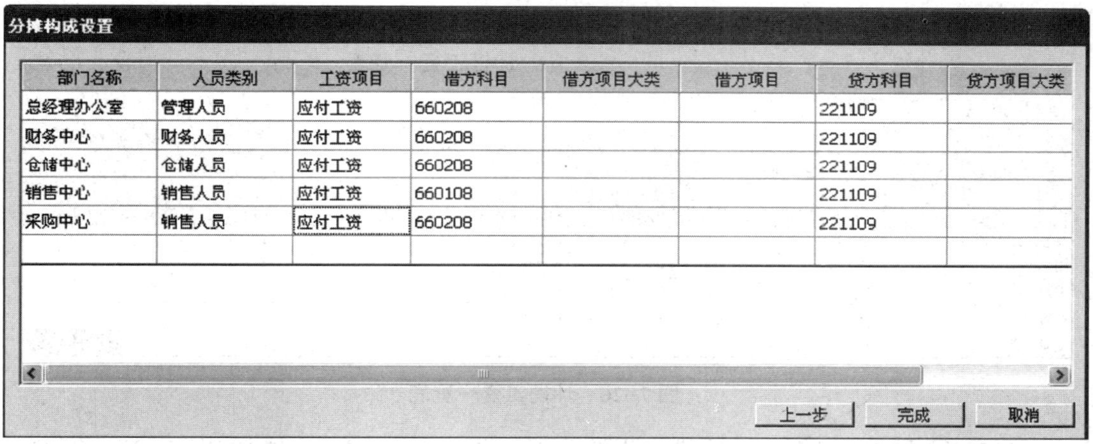

图 7-24　分摊构成设置—计提工会经费

任务2.3　制单

【任务资料】

2021 年 1 月 31 日，将工资逐个生成会计凭证。

【操作过程】

(1)2021 年 1 月 31 日，张宇登录业财一体信息化平台。

(2)执行"业务工作→人力资源→薪资管理→业务处理→工资分摊"命令，打开"工资分摊"界面。勾选"计提工资"等五个计提费用类型，勾选所有核算部门，勾选"明细到工资项目""按项目核算"项，结果如图7-25所示。

(3)单击"确定"按钮，打开"工资分摊明细"界面，勾选"合并科目相同、辅助项相同的分录"项，结果如图7-26所示。

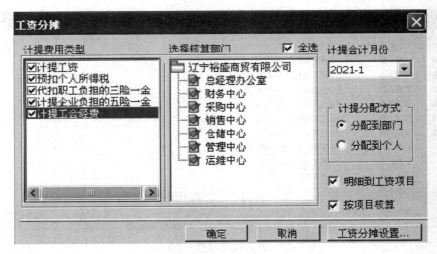

图 7-25　工资分摊

计提工资一览表

部门名称	人员类别	应付工资						
		分配金额	借方科目	借方项目...	借方项目	贷方科目	贷方项目大类	贷方项目
总经理办公室	管理人员	10590.91	660208			221101		
财务中心	财务人员	34220.45	660208			221101		
采购中心	采购人员	9400.00	660208			221101		
销售中心	销售人员	18239.09	660108			221101		
仓储中心	仓储人员	17200.00	660208			221101		

图 7-26　计提工资一览表

（4）单击"制单"按钮，"类别"为转账凭证，逐一制单保存，结果如图 7-27~图 7-31 所示。

图 7-27　计提工资凭证

转 账 凭 证

已生成

转　字 0023　　制单日期：2021.01.31　　审核日期：　　　　　附单据数：0

摘　要	科目名称	借方金额	贷方金额
预扣个人所得税	应付职工薪酬/工资	110374	
预扣个人所得税	应交税费/应交个人所得税		110374

票号 日期	数量 单价	合　计	110374	110374

备注　项　目　　　　　部　门
　　　个　人　　　　　客　户
　　　业务员

记账　　　　审核　　　　出纳　　　　　　制单　张宇

图 7-28　预扣个人所得税凭证

转 账 凭 证

已生成

转　字 0027　　制单日期：2021.01.31　　审核日期：　　　　　附单据数：0

摘　要	科目名称	借方金额	贷方金额
代扣职工负担的三险一金	其他应付款/失业保险		12080
代扣职工负担的三险一金	其他应付款/代扣医疗保险		191600
代扣职工负担的三险一金	其他应付款/代扣养老保险		483200
代扣职工负担的三险一金	其他应付款/代扣住房公积金		654000
代扣职工负担的三险一金	应付职工薪酬/工资	1340880	

票号 日期	数量 单价	合　计	1340880	1340880

备注　项　目　　　　　部　门
　　　个　人　　　　　客　户
　　　业务员

记账　　　　审核　　　　出纳　　　　　　制单　张宇

图 7-29　代扣职工负担的"三险一金"凭证

转 账 凭 证

已生成

转　字 0024 - 0001/0002　　制单日期：2021.01.31　　审核日期：　　　　　附单据数：0

摘　要	科目名称	借方金额	贷方金额
计提企业负责的五险一金	应付职工薪酬/失业险		7000
计提企业负责的五险一金	应付职工薪酬/生育险		17500
计提企业负责的五险一金	应付职工薪酬/工伤险		28000
计提企业负责的五险一金	应付职工薪酬/医疗保险		70000
计提企业负责的五险一金	销售费用/职工薪酬	171500	

票号 日期	数量 单价	合　计	822500	822500

备注　项　目　　　　　部　门
　　　个　人　　　　　客　户
　　　业务员

记账　　　　审核　　　　出纳　　　　　　制单　张宇

图 7-30　计提企业负责的"五险一金"凭证

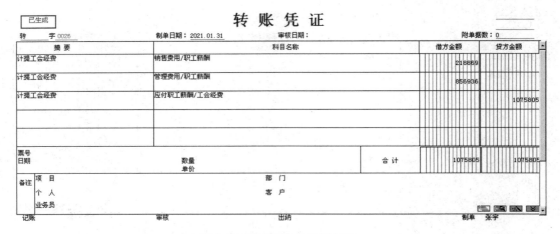

图7-31 计提工会经费凭证

任务2.4 扣缴所得税

【任务资料】

2021年1月31日进行扣缴个人所得税处理。

【操作过程】

(1)2021年1月31日,张宇登录业财一体化信息平台。

(2)执行"业务工作→人力资源→薪资管理→业务处理→扣缴所得税"命令,打开如图7-32所示"个人所得税申报模板"界面,单击"报表类型"中的"扣缴个人所得税报表"。

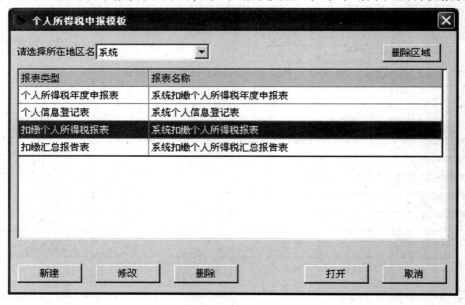

图7-32 个人所得税申报模板

(3)单击"打开"按钮,打开"所得税申报"对话框,单击"确定"按钮,打开"系统扣缴个人所得税报表"界面,如图7-33所示。

系统扣缴个人所得税报表

2021年1月 - 2021年1月

总人数：13

纳税义务...	身份证照...	身份证号码	国家与地区	职业编码	所得项目	所得期间	收入额	免税收入额	允许扣除	费用扣除...	准予扣除...	应纳税所...	税率	应扣税额	已扣税额	备注
李创风	身份证					1	9500.00			0.00		4057.00	3	121.71	121.71	
汪伦	身份证					1	8600.00			0.00		3468.00	3	104.04	104.04	
李翔	身份证					1	7750.00			0.00		2767.80	3	83.03	83.03	
白译洁	身份证					1	8450.00			0.00		3567.80	3	107.03	107.03	
苏波	身份证					1	8600.00			0.00		3468.00	3	104.04	104.04	
崔旭生	身份证					1	8600.00			0.00		3390.20	3	101.71	101.71	
李天明	身份证					1	11000.00			0.00		5224.00	3	156.72	156.72	
何乐	身份证					1	9550.00			0.00		3668.00	3	110.04	110.04	
王鑫	身份证					1	8850.00			0.00		3590.20	3	107.71	107.71	
崔旭东	身份证					1	8800.00			0.00		3468.00	3	104.04	104.04	
孙明	身份证					1	8800.00			0.00		3490.20	3	104.71	104.71	
刘宁	身份证					1	8500.00			0.00		3434.60	3	103.04	103.04	
黄松	身份证					1	9400.00			0.00		3590.20	3	107.71	107.71	
							116400.00			0.00		47184.00		1415.53	1415.53	

图 7-33   系统扣缴个人所得税报表

讨论与思考

1. 工资项目的设置分为几种类型？请举例说明。

2. 如何设置工资项目公式？设置公式时有哪些注意事项？

3. 如何进行工资分摊业务制单？分摊业务包括哪几种业务？

项目八　固定资产系统

📝 章节概述

　　本项目主要进行账套固定资产系统初始化、日常业务处理，培养学生在业财一体信息化平台上熟练操作固定资产系统的能力。

🎯 学习目标

　　通过训练，学生能够在业财一体信息化平台上完成固定资产初始化，资产增加、减少、计提折旧，并生成凭证，培养学生独立完成固定资产原始录入以及日常业务维护的能力，达到胜任基于业财一体信息化平台企业会计核算岗位的工作职责目标。

任务 1　系统初始化

任务 1.1　建立固定资产账套

【任务资料】

2021 年 1 月 1 日 建立固定资产账套，其他项默认，固定资产系统参数设置如表 8-1 所示。

表 8-1　固定资产系统参数设置

建账导向	参数
初始化	是
启用月份	2021.01

续表

建账导向	参数
折旧信息	主要折旧方法"平均年限法(一)"
编码方式	编码长度为"1-1-1-2",固定资产编码方式为 "自动编码"和"类别+序号",序号长度为"4"
账务接口	"固定资产对账科目"为"1601,固定资产"; "累计折旧对账科目"为"1602,累计折旧"

【操作过程】

(1)2021年1月1日,张宇登录业财一体信息化平台。

(2)执行"业务工作→财务会计→固定资产"命令,打开如图8-1所示"固定资产"界面。

图8-1 固定资产初始化

(3)单击"是"按钮,打开如图8-2所示"初始化账套向导—约定及说明"界面,单击"我同意"选项。

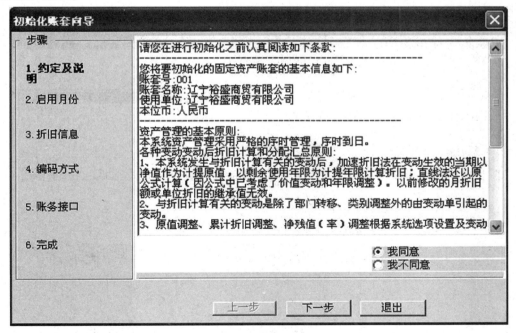

图8-2 约定及说明

（4）单击"下一步"按钮，打开"启用月份"界面，系统默认账套启用时间为"2021.01"，如图 8-3 所示。

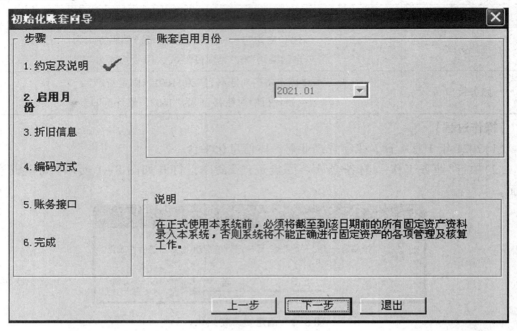

图 8-3　启用月份

（5）单击"下一步"按钮，打开"折旧信息"界面，单击"主要折旧方法"的下拉框，选择"平均年限法（一）"，如图 8-4 所示。

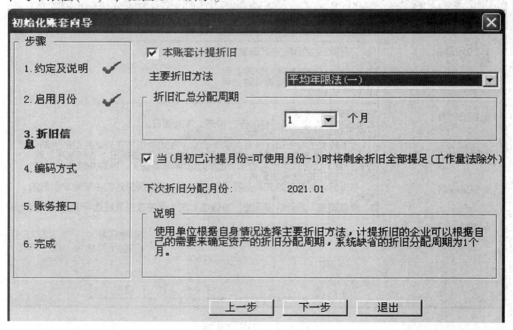

图 8-4　折旧信息

（6）单击"下一步"按钮，打开"编码方式"界面，编码长度为"1-1-1-2"，"固定资产编码方式"为"自动编码"和"类别+序号"，"序号长度"为"4"，如图8-5所示。

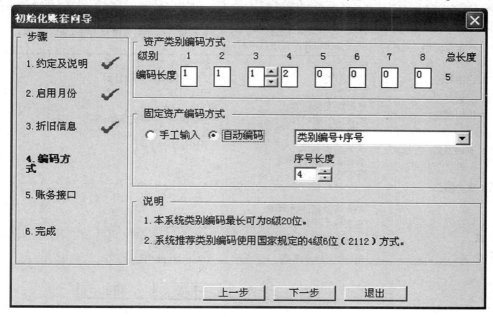

图8-5　编码方式

（7）单击"下一步"按钮，打开"账务接口"界面，"固定资产对账科目"为"1601，固定资产"，"累计折旧对账科目"为"1602，累计折旧"，勾选"在对账不平情况下允许固定资产月末结账"项，如图8-6所示。

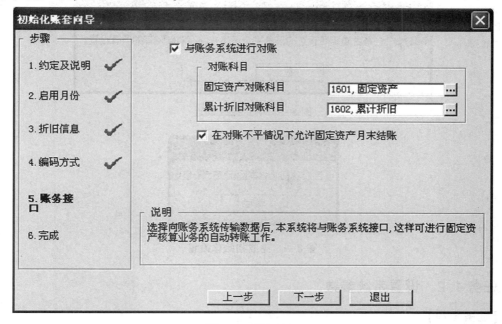

图8-6　账务接口

(8)单击"下一步"按钮，打开"完成"界面，单击"完成"按钮，如图8-7所示。

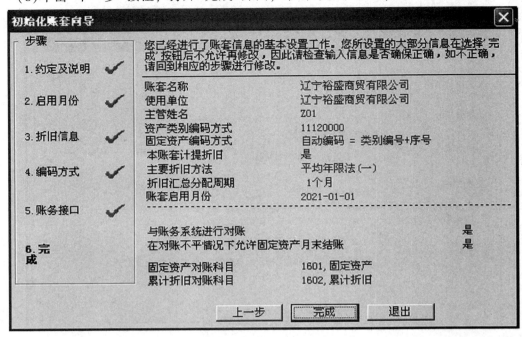

图8-7 完成

(9)弹出提示框，如图8-8所示，单击"是"按钮，系统提示"已成功初始化本固定资产账套"，单击"确定"按钮，完成固定资产初始化，如图8-9所示。

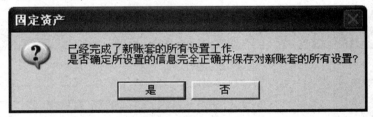

图8-8 确定完成设置

图8-9 完成初始化设置

任务1.2 设置系统参数

【任务资料】

固定资产参数如表8-2所示。

表 8-2　固定资产参数

系统	选项	参数设置
固定资产	与账务系统接口	固定资产缺省入账科目：1601； 累计折旧缺省入账科目：1602； 减值准备缺省入账科目：1603； 增值税进项税额缺省入账科目：22210101； 固定资产清理缺省入账科目：1606；
	其他	已发生资产减少的卡片 20 年后可删除

【操作过程】

（1）2021 年 1 月 1 日，张宇登录业财一体信息化平台。

（2）执行"业务工作→财务会计→固定资产→设置→选项"命令，打开"选项"界面，单击"与账务系统接口"选项卡，单击"编辑"按钮，根据表 8-2 资料进行缺省项目的修改，如图 8-10 所示。

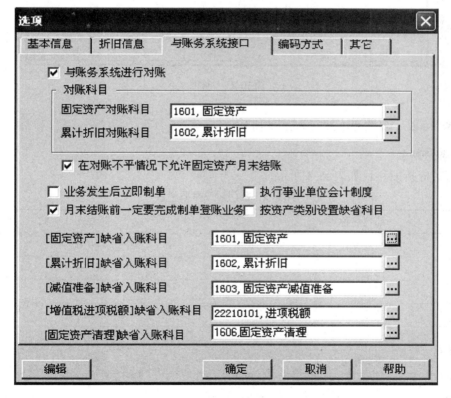

图 8-10　与账务系统接口

（3）单击"其他"选项，根据表 8-2 资料进行修改，将"已发生资产减少卡片可删除时限"设置为 20 年，单击"确定"按钮，完成设置，如图 8-11 所示。

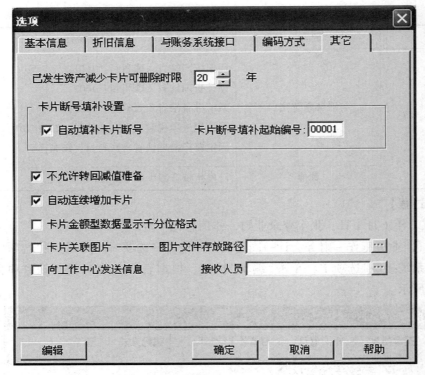

图 8-11 其他

任务 1.3 设置部门对应折旧科目

【任务资料】

部门对应折旧科目如表 8-3 所示。

表 8-3 部门对应折旧科目

部门名称	折旧科目
总经理办公室	660201
财务中心	660201
销售中心	660101
仓储中心	660201
运维中心	660201
采购中心	660201
管理中心	660201

【操作过程】

(1)2021 年 1 月 1 日,张宇登录业财一体信息化平台。

(2)执行"业务工作→财务会计→固定资产→设置→部门对应折旧科目"命令,打开"部门对应折旧"界面,如图 8-12 所示。单击"总经理办公室"选项,打开"单张视图"界面,单击工具栏"修改"按钮,录入"660201",单击"保存"按钮。

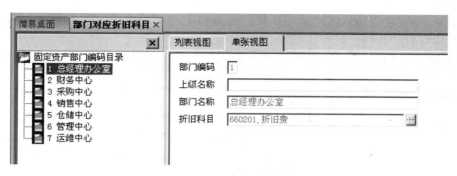

图 8-12　部门对应折旧科目 1

（3）根据表 8-3 任务资料依次进行修改，录入完毕后，单击工具栏"保存"按钮，如图 8-13 所示。

部门编码	部门名称	折旧科目
	固定资产部门	
1	总经理办公	660201，折旧费
2	财务中心	660201，折旧费
3	采购中心	660201，折旧费
4	销售中心	660101，折旧费
5	仓储中心	660201，折旧费
6	管理中心	660201，折旧费
7	运维中心	660201，折旧费

图 8-13　部门对应折旧科目 2

任务 1.4　资产类别

【任务资料】

为了对企业固定资产进行有效管理，需要对固定资产进行分类。固定资产类别如表 8-4 所示。

表 8-4　固定资产类别

类别编号	类别名称	使用年限	净残值率	计提属性	折旧方法	卡片样式
1	建筑物	30	5%	正常计提	平均年限法（一）	含税卡片样式
2	运输工具	6	3%	正常计提	平均年限法（一）	含税卡片样式
21	小轿车	6	3%	正常计提	平均年限法（一）	含税卡片样式
3	办公设备	4	3%	正常计提	平均年限法（一）	含税卡片样式
31	电脑	4	3%	正常计提	平均年限法（一）	含税卡片样式
32	打印机	4	3%	正常计提	平均年限法（一）	含税卡片样式
33	复印机	4	3%	正常计提	平均年限法（一）	含税卡片样式

【操作过程】

（1）2021 年 1 月 1 日，张宇登录业财一体信息化平台。

（2）执行"业务工作→财务会计→固定资产→设置→资产类别"命令，打开"资产类别"界面，如图 8-14 所示。单击"增加"按钮，打开"单张视图"界面，根据任务资料中一级资产中的 1 类，录入"类别名称""使用年限""净残值率""折旧方法""卡片样式"等信息，单击工具栏的"保存"按钮。

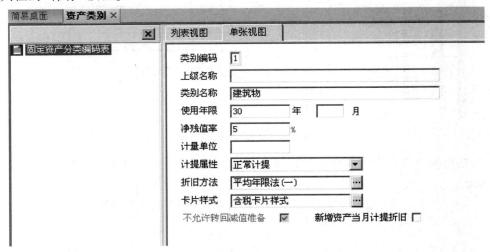

图 8-14　一级资产类别

（3）按上述方法录入一级资产中的 2、3 类，3 类资产保存完毕后，选择"放弃→是"选项，如图 8-15 所示。

图 8-15　一级资产类别汇总

（4）单击"运输工具"选项，单击"增加"按钮，在"类别名称"中录入"小轿车"，如图8-16 所示。

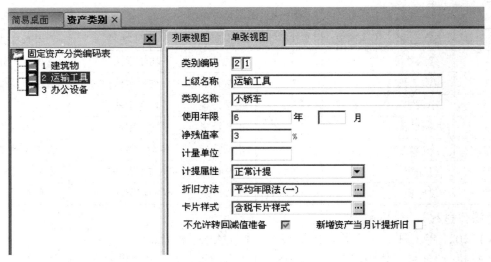

图 8-16　增加二级卡片样式

（5）单击"保存"按钮，按上述方法录入"31、32、33"资产类别并保存，33 类资产保存完毕后，选择"放弃→是"选项，如图 8-17 所示。

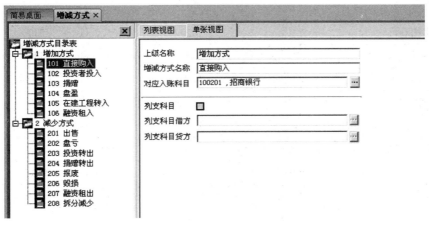

图 8-17 资产类别汇总

任务 1.5 设置增减方式

【任务资料】

增减方式的对应入账科目如表 8-5 所示。

表 8-5 增减方式的对应入账科目

增减方式类别	增减方式	对应入账科目
增加方式	直接购入	100201，银行存款/招商银行
	在建工程转入	1604，在建工程
	捐赠	6301，营业外收入
减少方式	出售	1606，固定资产清理
	报废	1606，固定资产清理
	捐赠转出	1606，固定资产清理

【操作过程】

（1）2021 年 1 月 1 日，张宇登录业财一体信息化平台。

（2）执行"业务工作→财务会计→固定资产→设置→增减方式"命令，打开"增减方式"界面，如图 8-18 所示。单击"1 增加方式"下的"直接购入"选项，再单击"修改"按钮，在"对应入账科目"栏中录入"100201，招商银行"，单击"保存"按钮。

（3）按上述方法继续设置其他增加方式。

图 8-18 增加方式

（4）按上述方法继续设置减少方式，结果如图8-19所示。

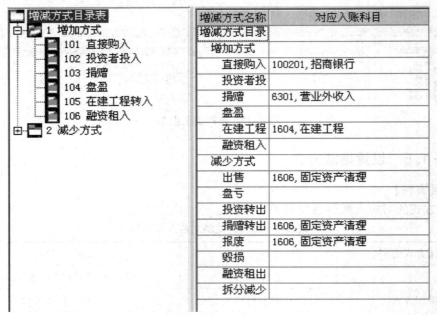

图8-19　增减方式及入账科目

任务1.6　录入原始卡片

【任务资料】

多部门的固定资产平均分摊折旧费用。固定资产原始卡片如表8-6所示。

表8-6　固定资产原始卡片

类别编号	名称	使用部门	开始使用日期	原值/元	累计折旧	增减方式
1	办公楼	总经理办公室、财务中心、销售中心、运维中心、采购中心	2020-01-01	10000000	633334	直接购入
1	冰箱仓库	仓储中心	2020-01-01	1500000	95000	直接购入
1	洗衣机仓库	仓储中心	2020-01-01	1500000	95000	直接购入
1	空调仓库	仓储中心	2020-01-01	1500000	95000	直接购入
1	小家电仓库	仓储中心	2020-01-01	1500000	95000	直接购入
21	宝马汽车	总经理办公室、销售中心	2020-07-01	450000	50000	直接购入
31	戴尔电脑	总经理办公室	2020-07-01	6000	1400	直接购入
31	戴尔电脑	财务中心	2020-07-01	6000	1400	直接购入
31	戴尔电脑	仓储中心	2020-07-01	6000	1400	直接购入

续表

类别编号	名称	使用部门	开始使用日期	原值/元	累计折旧	增减方式
32	大地打印机	总经理办公室、财务中心、销售中心、运维中心、采购中心	2020-07-01	3500	850	直接购入
33	彩光复印机	总经理办公室、财务中心、销售中心、运维中心、采购中心	2020-07-01	3000	750	直接购入
31	彩光复印机	仓储中心	2020-07-01	3000	750	直接购入

【操作过程】

(1)2021年1月1日,张宇登录业财一体信息化平台。

(2)"业务工作→财务会计→固定资产→卡片→录入原始卡片"命令,打开"固定资产类别档案"界面,如图8-20所示。

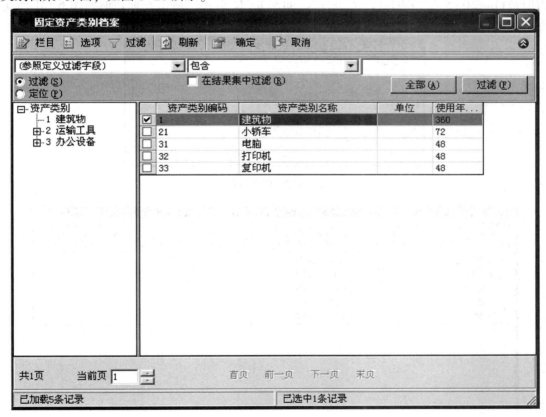

图8-20　固定资产类别档案

(3)系统已经选择了"建筑物",单击"确定"按钮,打开"固定资产卡片"界面。根据任务资料,在"固定资产名称"栏中录入"办公楼",如图8-21所示。

固定资产卡片

卡片编号	00001			日期	2021-01-01
固定资产编号	10001	固定资产名称	办公楼		
类别编号	1	类别名称	建筑物	资产组名称	
规格型号		使用部门			
增加方式		存放地点			
使用状况		使用年限（月）	360	折旧方法	平均年限法（一）
开始使用日期		已计提月份	0	币种	人民币
原值	0.00	净残值率	5%	净残值	0.00
累计折旧	0.00	月折旧率	0	本月计提折旧额	0.00
净值	0.00	对应折旧科目		项目	
增值税	0.00	价税合计	0.00		
录入人	张宇			录入日期	2021-01-01

图 8-21　固定资产卡片

（4）单击"使用部门"项，勾选"多部门使用"项，如图 8-22 所示。单击"确定"按钮，在"使用比例"栏中录入"20"（因采用平均分摊，使用比例为"100%/5＝20%"），在"对应折旧科目"栏中录入"660201，折旧费"，如图 8-23 所示。退出界面，返回图 8-21 所示界面。

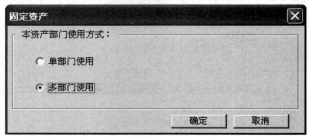

图 8-22　使用部门

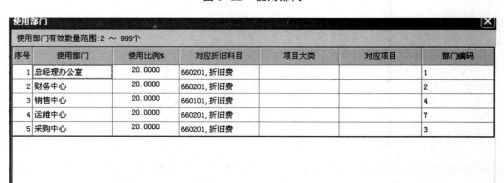

序号	使用部门	使用比例%	对应折旧科目	项目大类	对应项目	部门编码
1	总经理办公室	20.0000	660201，折旧费			1
2	财务中心	20.0000	660201，折旧费			2
3	销售中心	20.0000	660101，折旧费			4
4	运维中心	20.0000	660201，折旧费			7
5	采购中心	20.0000	660201，折旧费			3

使用部门有效数量范围：2 ～ 999个

图 8-23　使用部门分摊

（5）单击"增加方式"项，勾选"直接购入"项，单击"使用状况"项，勾选"在用"项，在"开始使用日期"栏中录入"2020-01-01"，在"原值"栏中录入"10000000"，在"累计折旧"栏中录入"633334"，其他选项不变，如图8-24所示。单击"保存"按钮，系统提示保存成功。

固定资产卡片

卡片编号	00001	日期	2021-01-01
固定资产编号	10001	固定资产名称	办公楼
类别编号	1	类别名称 建筑物	资产组名称
规格型号		使用部门 经理办公室/财务中心/销售中心/运维中心/采购中心	
增加方式	直接购入	存放地点	
使用状况	在用	使用年限（月） 360	折旧方法 平均年限法（一）
开始使用日期	2020-01-01	已计提月份 11	币种 人民币
原值	10000000.00	净残值率 5%	净残值 500000.00
累计折旧	633334.00	月折旧率 0.0026	本月计提折旧额 26000.00
净值	9366666.00	对应折旧科目（660201,折旧费）	项目
增值税	0.00	价税合计 10000000.00	

录入人 张宇 录入日期 2021-01-01

图8-24 办公楼卡片

（6）按上述方法录入其他固定资产原始卡片，录入完毕后执行"卡片→卡片管理"命令，打开"查询条件选择"界面，修改开始使用日期，结果如图8-25所示。单击"确定"按钮，查询所有卡片信息。

在役资产

卡片编号	开始使用日期	使用年限（月）	原值	固定资产编号	净残值率	录入人
00001	2021.01.01	360	10,000,000.00	10001	0.05	张宇
00002	2021.01.01	360	1,500,000.00	10002	0.05	张宇
00003	2021.01.01	360	1,500,000.00	10003	0.05	张宇
00004	2021.01.01	360	1,500,000.00	10004	0.05	张宇
00005	2021.01.01	360	1,500,000.00	10005	0.05	张宇
00006	2021.07.01	72	450,000.00	210001	0.03	张宇
00007	2021.07.01	48	6,000.00	310001	0.03	张宇
00008	2021.07.01	48	6,000.00	310002	0.03	张宇
00009	2021.07.01	48	6,000.00	310003	0.03	张宇
00010	2021.07.01	48	3,500.00	320001	0.03	张宇
00011	2021.07.01	48	3,000.00	330001	0.03	张宇
00012	2021.07.01	48	3,000.00	330002	0.03	张宇
合计:（共计卡片12张）			16,477,500.00			

图8-25 卡片管理

（7）与总账期初进行对账。执行"处理→对账"命令，打开"与账务对账结果"对话框，如果平衡，单击"确定"按钮，如图8-26所示。

图8-26 对账结果

任务 2 日常业务处理

任务2.1 资产增加

【任务资料】

2021 年 1 月 20 日，采购中心黄松以现金支票(票号 11210756)直接购入交付采购中心使用的原值为 6500 元的戴尔电脑，进项税额为 845 元，已经取得增值税专用发票，该资产采用平均年限法(一)进行折旧。

【操作过程】

(1)2021 年 1 月 20 日，张宇登录业财一体信息化平台。

(2)执行"业务工作→财务会计→固定资产→卡片→资产增加"命令，打开"固定资产类别档案"界面，选择"电脑"，单击工具栏的"确认"按钮，根据任务资料录入固定资产卡片内容，单击"保存"按钮，如图 8-27 所示。

固定资产卡片

卡片编号	00013			日期	2021-01-20
固定资产编号	310004	固定资产名称			戴尔电脑
类别编号	31	类别名称	电脑	资产组名称	
规格型号		使用部门			采购中心
增加方式	直接购入	存放地点			
使用状况	在用	使用年限(月)	48	折旧方法	平均年限法(一)
开始使用日期	2021-01-20	已计提月份	0	币种	人民币
原值	6500.00	净残值率	3%	净残值	195.00
累计折旧	0.00	月折旧率	0	本月计提折旧额	0.00
净值	6500.00	对应折旧科目	660201,折旧费	项目	
增值税	845.00	价税合计	7345.00		

录入人	张宇			录入日期	2021-01-20

图 8-27 资产增加

任务2.2 制单处理

【任务资料】

2021 年 1 月 20 日，对资产增加进行制单处理。

【操作过程】

(1)2021 年 1 月 20 日，张宇登录业财一体信息化平台。

(2)执行"业务工作→财务会计→固定资产→处理→批量制单"命令，在"查询条件选择—批量制单"界面单击"确定"按钮，打开"批量制单"界面，双击选择 2021 年 1 月 20 日业务，如图 8-28 所示。

图 8-28 批量制单

（3）单击"制单设置"选项卡，"凭证类别"选择"付款凭证"，如图 8-29 所示。

图 8-29 制单设置

（4）单击工具栏的"凭证"按钮，生成一张付款凭证，按照任务资料添加辅助项，如图 8-30 所示。添加完毕后单击"保存"按钮。

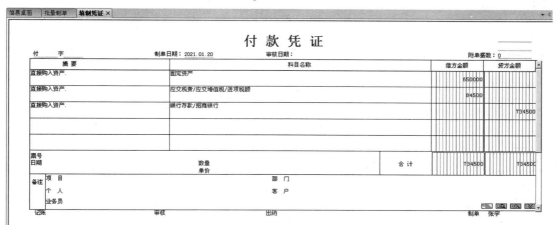

图 8-30 付款凭证

任务 2.3 计提固定资产减值准备

【任务资料】

2021 年 1 月 31 日，对 00003 号卡片计提减值准备 1500 元。

【操作过程】

（1）2021 年 1 月 31 日，张宇登录业财一体信息化平台。

（2）执行"业务工作→财务会计→固定资产→卡片→变动单→计提减值准备"命令，在"卡片编号"栏选择"00003"，在"减值准备金额"栏中录入"1500"、在"变动原因"栏中录入"资产减值准备",如图 8-31 所示。单击"保存"按钮,系统提示"数据成功保存",单击"确定"按钮。

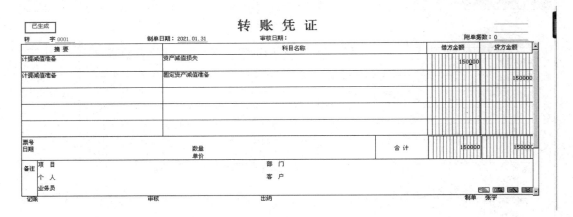

图 8-31 固定资产变动单

(3)单击工具栏的"凭证"按钮,自动生成凭证,单击"凭证类别"选项,修改成"转账凭证",借方科目为"6701 资产减值损失",如图 8-32 所示。单击工具栏的"保存"按钮,再单击"确定"按钮。

图 8-32 转账凭证

任务 2.4　计提固定资产折旧

【任务资料】

2021 年 1 月 31 日,计提固定资产本月折旧,并生成记账凭证。

【操作过程】

(1)2021 年 1 月 31 日,张宇登录业财一体信息化平台。

(2)执行"业务工作→财务会计→固定资产→卡片→处理→计提本月折旧"命令,在提示"是否要查看折旧清单"对话框,选择"是"选项,然后在提示"是否继续"界面,单击"是"按钮，打开"折旧清单"界面，如图 8-33 所示。

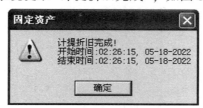

图 8-33　折旧清单

（3）单击"退出"按钮，系统提示"计提折旧完成"，如图 8-34 所示。

图 8-34　计提折旧

（4）执行"业务工作→财务会计→固定资产→处理→批量制单"命令，打开"查询条件选择—批量制单"界面，单击"确定"按钮，打开"批量制单"界面，双击选择 2021 年 1 月 31 日业务，如图 8-35 所示。

序号	业务日期	业务类型	业务描述	业务号	发生额	合并号	选择
1	2021-01-31	折旧计提	折旧计提	01	48,230.50		Y

图 8-35　制单选择

（5）单击"制单设置"选项，"凭证类别"选择"转账凭证"，如图 8-36 所示。

序号	业务日期	业务类型	业务描述	业务号	方向	发生额	科目		部门核算		项目核算
1	2021-01-31	折旧计提	折旧计提	01	借	8,384.96	660201	折旧费	1	总经理办	
2	2021-01-31	折旧计提	折旧计提	01	借	5,347.46	660201	折旧费	2	财务中心	
3	2021-01-31	折旧计提	折旧计提	01	借	5,226.26	660201	折旧费	3	采购中心	
4	2021-01-31	折旧计提	折旧计提	01	借	8,263.76	660101	折旧费	4	销售中心	
5	2021-01-31	折旧计提	折旧计提	01	借	15,781.80	660201	折旧费	5	仓储中心	
6	2021-01-31	折旧计提	折旧计提	01	借	5,226.26	660201	折旧费	7	运维中心	
7	2021-01-31	折旧计提	折旧计提	01	贷	48,230.50	1602	累计折旧			

图 8-36　制单设置

（6）单击工具栏的"凭证"按钮，生成一张转账凭证，如图 8-37 所示，单击"保存"按钮。

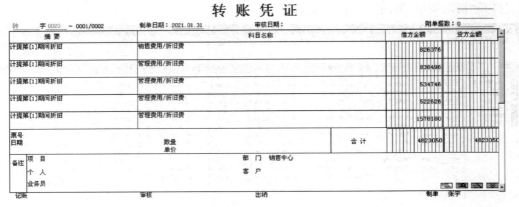

图 8-37 转账凭证

任务 2.5 资产减少

【任务资料】

2021 年 1 月 31 日，将仓储中心复印机出售，该复印机残值为 1000 元，增值税税率 13%。

【操作过程】

（1）2021 年 1 月 31 日，张宇登录业财一体信息化平台。

（2）执行"业务工作→财务会计→固定资产→卡片→资产减少"命令，打开"资产减少"界面，选择"00012"号卡片，单击工具栏的"增加"按钮，根据任务资料录入内容，单击"保存"按钮，增值税为 130 元，如图 8-38 所示。

图 8-38 资产减少

（3）单击"确定"按钮，系统提示"所选卡片已经减少成功"，单击"确定"按钮，再进行批量制单。执行"业务工作→财务会计→固定资产→处理→批量制单"命令，在"查询条件选择—批量制单"界面单击"确定"按钮，打开"批量制单"界面，双击选择 2021 年 1 月 31 日业务，如图 8-39 所示。

图 8-39 制单选择

（4）单击"制单设置"选项卡，填入 1000 元对应会计科目"100201 招商银行"，130 元对应会计科目"22210102　销项税额"，"凭证类别"选择"转账凭证"，如图8-40所示。

图8-40　制单设置

（5）单击工具栏的"凭证"按钮，生成一张转账凭证，单击"保存"按钮，如图8-41所示。

图8-41　收款凭证

讨论与思考

1. 固定资产折旧方法有几种？如何进行固定资产系统的初始设置？
2. 固定资产增减业务的常用科目有哪些？如何进行常用科目设置？
3. 如何设置多部门的固定资产折旧费用摊销？

项目九　月末处理及会计档案管理

📝 章节概述

　　本项目主要进行月末业务处理、月末财务处理、财务报表编制，培养学生在业财一体信息化平台上熟练操作月末处理及会计档案管理的能力。

🎯 学习目标

　　通过训练，学生能够在业财一体化平台各模块中完成月末处理以及月末结账的工作，具有独立完成月末业务处理的能力，达到胜任基于业财一体化平台会计报表岗位的工作职责目标。

任务 1　月末业务处理

任务 1.1　应收应付款管理月末结账

【任务资料】

2021 年 1 月 31 日，根据应收应付业务月末检查处理结果，在业财一体信息化平台中准确完成应收款管理和应付款管理模块的月末结账处理。

【操作过程】

（1）2021 年 1 月 31 日，张宇登录业财一体化信息化平台。

（2）执行"业务工作→财务会计→应收款管理→期末处理→月末结账"命令，打开如图 9-1 所示的应收款管理"月末处理"界面，双击选择要结账的月份，单击"下一步"按钮，弹出如图 9-2 所示应收款管理处理情况提示界面，单击"完成"按钮，弹出应收款管理 1 月份结账成功的提示，单击"确定"按钮返回。

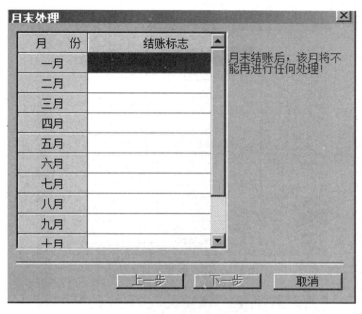

图 9-1 应收款管理月末处理

图 9-2 应收款月末处理结果

（3）执行"业务工作→财务会计→应付款管理→期末处理→月末结账"命令，打开如图 9-3 所示应付款管理"月末处理"界面，双击选择要结账的月份，单击"下一步"按钮，弹出如图 9-4 所示的应付款管理处理情况提示界面，单击"完成"按钮，弹出应付款管理 1 月份结账成功的提示，单击"确定"按钮返回。

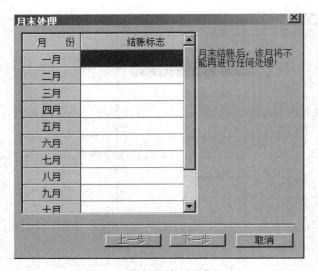

图 9-3　应付款管理月末处理

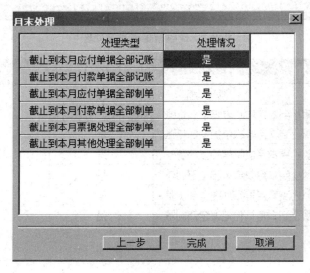

图 9-4　应付款月末处理结果

任务 1.2　固定资产系统月末结账

【任务资料】

2021 年 1 月 31 日，在业财一体信息化平台中进行固定资产模块与总账模块对账，确认无误后完成固定资产模块的月末结账处理。

【操作过程】

(1) 2021 年 1 月 31 日，张宇登录业财一体信息化平台。

(2) 执行"业务工作→财务会计→固定资产→期末处理→月末结账"命令，打开固定资产"月末结账"界面，单击"开始结账"按钮，弹出与总账对账结果界面，单击"确定"按钮返回，单击"确定"按钮，弹出固定资产月末结账成功完成的提示，单击"确定"按钮，弹出"固定资产"界面，提示系统的可操作日期已转成下一会计期间，单击"确定"按钮返回。

任务1.3 薪资管理系统月末结账

【任务资料】

2021年1月31日，确认本会计月工资数据处理工作已结束，并在业财一体信息化平台中完成薪资管理模块的月末结账处理。

【操作过程】

(1)2021年1月31日，张宇登录业财一体信息化平台。

(2)执行"业务工作→财务会计→薪资管理→期末处理→月末结账"命令，打开薪资管理"月末结账"界面，单击"确定"按钮，弹出薪资管理月末处理界面，单击"是"按钮返回，弹出薪资管理是否选择清零项的提示，单击"否"按钮，弹出薪资管理系统月末处理完毕的提示，单击"确定"按钮返回。

任务2 月末财务处理

任务2.1 期间损益结转

【任务资料】

2021年1月31日，在业财一体信息化平台，定义期末损益结转，将每个月月末结账前要进行的期间损益结转设置结转公式。

【操作过程】

(1)2021年1月31日，张宇登录业财一体信息化平台。

(2)执行"业务工作→财务会计→总账→期末→转账定义→期间损益"命令，打开如图9-5所示的"期间损益结转设置"界面。

图9-5 期间损益结转设置

（3）将光标移动到界面右上方的"本年利润科目"栏，单击栏目右侧的"参照"按钮，弹出"科目参照"界面。

（4）在"科目参照"界面找到并选择本年利润科目，单击"确定"按钮，在"本年利润科目"栏中录入"4103"，"凭证类别"选择"转账凭证"，如图9-6所示，单击"确定"按钮返回。

图9-6 期间损益结转设置

（5）执行"业务工作→财务会计→总账→期末→转账生成"命令，打开如图9-7所示"转账生成"界面。

图9-7 转账生成

（6）在"转账生成"界面左侧的转账生成项目中选择"期间损益结转"。

（7）在类型栏中有三个选项，即"全部""收入""支出"，可以选择其中一个类型进行。选择"全部"，单击"全选"按钮，再单击"确定"按钮，弹出生成的记账凭证。

（8）单击"保存"按钮，凭证左上角出现"已生成"字样，凭证保存成功。

任务2.2　账务数据核对

【任务资料】

2021年1月31日，在业财一体信息化平台中核对本月发生的总账与明细账、总账与辅助账，确保账证相符、账账相符。

【操作过程】

（1）2021年1月31日，张宇登录业财一体信息化平台。

（2）执行"业务工作→财务会计→总账→期末→对账"命令，打开如图9-8所示"对账"界面。

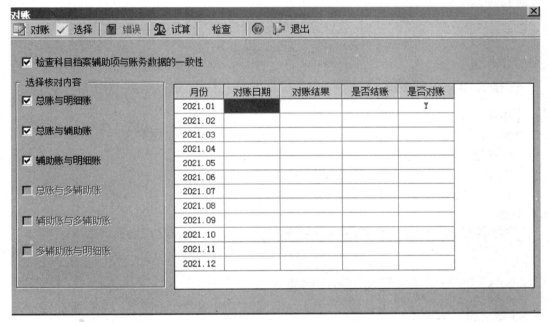

图9-8　对账

（3）在左侧的"选择核对内容"栏中选择核对内容，通常全部选中，选择"检查科目档案辅助项与账务数据的一致性"，选择要对账的月份，单击"选择"按钮，单击"对账"按钮，系统开始自动对账，对账完成后显示对账结果，如图9-9所示。单击"检查"按钮，系统开始自动检查总账、辅助账、多栏辅助账、凭证数据，会弹出总账数据检查界面，单击"确定"按钮返回。

（4）若对账结果为账账不符，则对账月份的对账结果处显示"错误"，单击"错误"按钮，显示对账错误信息表，查看引起账账不符的原因，以便修改。单击"检查"按钮，检查凭证、明细账、总账及辅助账各自数据的完整性。单击"试算"按钮，可以对各科目类别余额进行平衡试算。

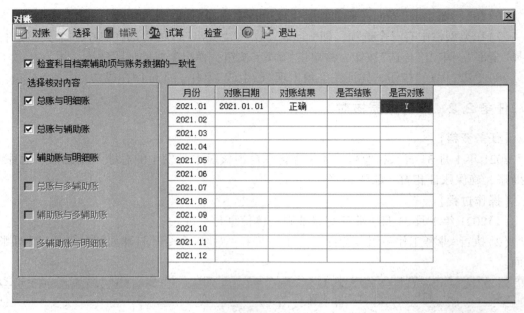

图 9-9 对账结果

任务2.3 总账月末结账

【任务资料】

2021年1月31日，在业财一体化信息平台完成总账模块结账处理。

【操作过程】

(1)2021年1月31日，张宇登录业财一体信息化平台。

(2)执行"业务工作→财务会计→总账→期末→结账"命令，打开如图9-10所示的"结账"界面。

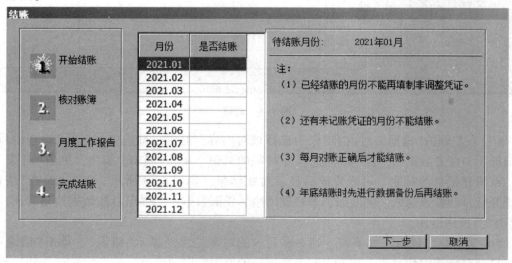

图 9-10 结账

（3）选择结账月份，在对应是否结账栏出现字母"Y"，单击"下一步"按钮，弹出对账完毕提示。

（4）单击"下一步"按钮，打开如图9-11所示的结账月度工作报告界面。

图9-11　结账月度工作报告

（5）单击"下一步"按钮，弹出"结账"界面，单击"结账"按钮后返回。

若符合结账要求，系统将进行结账，否则不予结账。上月未结账，本月不能记账，但可以填制、复核凭证。如果要取消结账，同时按下"Ctrl+Shift+F6"键可执行相关操作。

任务3　财务报表编制

任务3.1　生成资产负债表

【任务资料】

2021年1月31日，根据会计准则规定，在业财一体信息化平台，依据UFO报表模板，准确生成资产负债表。

【操作过程】

（1）2021年1月31日，张宇登录业财一体信息化平台。

（2）执行"业务工作→财务会计→UFO报表"命令，启动UFO报表模板，按下"Ctrl+N"快捷键或单击文件中的"新建"按钮，弹出如图9-12所示的UFO报表report-1界面。

（3）单击"格式"菜单下的"报表模板"按钮，弹出如图9-13所示的"报表模板"界面，在"您所在行业"栏选择"2007年新会计制度科目"，在"财务报表"栏选择"资产负债表"，单击"确定"按钮，弹出如图9-14所示的"模板格式将覆盖本表格式！是否继续"的提示，单击"确定"按钮，弹出如图9-15所示的"资产负债表"界面。

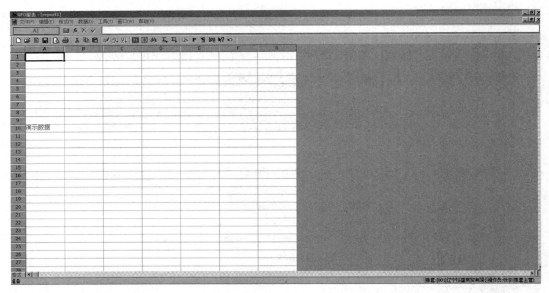

图 9-12　report-1 报表

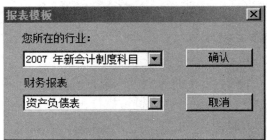

图 9-13　报表模板

图 9-14　用友软件

图 9-15　资产负债表

（4）调整报表计算公式。

删除 C13 单元格的计算公式，同时将 C14 单元格的计算公式修改为"QM（"1221"，月,,，年,,)+QM（"1131"，月,,，年,,)"。

删除 G15 单元格的计算公式，同时将 G16 单元格的计算公式修改为"QM（"2241"，月,,，年,,)+QM（"2232"，月,,，年,,)"。

将 G35 单元格的计算公式修改为"QM（"4104"，月,,，年,,)"。

（5）根据最新会计准则调整报表项目。

将 A12 单元格由"应收利息"改为"合同资产"，将 A13 单元格由"应收股利"改为"持有待售资产"，将 A20 单元格由"可供出售金融资产"改为"债权投资"，将 A21 单元格由"持有至到期投资"改为"其他债权投资"，将 E14 单元格由"应付利息"改为"合同负债"，将 E15 单元格由"应付股利"改为"持有待售负债"。

（6）将报表切换至数据状态，如图 9-16 所示。

图 9-16　资产负债表（数据状态）

（7）执行"数据→关键字录入"命令，录入关键字。录入单位名称（辽宁裕盛商贸有限公司）、年（2021）、月（1）等信息后，单击"确认"按钮，表格内的数据更新。

任务3.2　生成利润表

【任务资料】

2021 年 1 月 31 日，根据会计准则规定，在业财一体信息化平台，依据 UFO 报表模板，准确生成利润表。

【操作过程】

（1）2021 年 1 月 31 日，张宇登录业财一体信息化平台。

（2）执行"业务工作→财务会计→UFO 报表"命令，启动 UFO 报表模板，按下"Ctrl+N"快捷键或单击文件中的"新建"按钮，弹出如图 9-1 所示的 UFO 报表 report-1 界面。

（3）单击"格式"菜单下的"报表模板"按钮，弹出如图 9-2 所示的报表模板界面，在"您所在行业"栏选择"2007 年新会计制度科目"，在"财务报表"栏选择"利润表"，单击"确定"按钮，弹出"模板格式将覆盖本表格式！是否继续"的提示，单击"确定"按钮，弹出"利润表"界面。

(4)单击左下角的"格式/数据"按钮后，再执行"数据→关键字→录入"命令，弹出录入关键字界面，录入单位名称(辽宁裕盛商贸有限公司)、年(2021)、月(1)等信息后，单击"确认"按钮，表格内的数据更新。

讨论与思考

1. 如何进行月末结账？结账之后系统会发生哪些变化？

2. 月末对账需要核对的内容有哪些？如何进行对账操作？

3. 会计期末需要编制的财务报表包括哪些类型？如何生成资产负债表？

参 考 文 献

［1］新道科技股份有限公司. 业财一体信息化应用（初级）［M］. 北京：高等教育出版社，2020.

［2］新道科技股份有限公司. 业财一体信息化应用（中级）［M］. 北京：高等教育出版社，2020.

［3］宋红尔. 会计信息化——财务篇（用友 ERP-U8V10. 1 版）［M］. 2 版. 大连：东北财经大学出版社，2020.

［4］宋红尔，赵越，冉祥梅. 用友 ERP 供应链管理系统应用教程（版本用友 U8 V10. 1）［M］. 2 版. 大连：东北财经大学出版社，2019.